西藏气候变化监测公报

（2017年）

Tibet Climate Change Monitoring Bulletin

主　编：杜　军

副主编：边　多　黄晓清　杨　勇

气象出版社
China Meteorological Press

内 容 简 介

为更好地总结西藏自治区气候变化监测最新成果,积极应对和适应全球气候变暖和极端天气气候事件增多现实,西藏自治区气候中心、西藏高原大气环境科学研究所编写了《西藏气候变化监测公报(2017 年)》。该公报共分四章,分别从大气圈(气温、降水、极端气候事件指数、天气现象)、冰冻圈(冰川、积雪、冻土)和陆地生态(地温、湖泊、植被、生态气候)等方面揭示了近 57 年(1961—2017 年)与西藏自治区气候变化相关联的科学事实,可为政府有效制定气候变化政策、提升气候变化业务能力、开展应对气候变化宣传提供科学依据。

本公报可供各级政府部门决策时参阅,也可供气象、农牧业、林业、水利、环保等部门从事气候和气候变化相关学科的专业技术人员和管理人员参考。

图书在版编目(CIP)数据

西藏气候变化监测公报. 2017 年 / 杜军主编. —北京 : 气象出版社,2018.9

ISBN 978-7-5029-6812-0

Ⅰ.①西… Ⅱ.①杜… Ⅲ.①气候变化-监测-西藏-2017-年报 Ⅳ.①P467

中国版本图书馆 CIP 数据核字(2018)第 170933 号

审图号:藏 S(2018)006 号

出版发行:气象出版社

地 址:北京市海淀区中关村南大街 46 号　　　　邮政编码:100081

电 话:010-68407112(总编室)　010-68408042(发行部)

网 址:http://www.qxcbs.com　　　　E-mail: qxcbs@cma.gov.cn

责任编辑:陈 红　　　　　　　　　　　　终 审:吴晓鹏

责任校对:王丽梅　　　　　　　　　　　　责任技编:赵相宁

封面设计:博雅思企划

印 刷:北京地大彩印有限公司

开 本:787 mm×1092 mm　1/16　　　　印 张:6.25

字 数:160 千字

版 次:2018 年 9 月第 1 版　　　　　　　印 次:2018 年 9 月第 1 次印刷

定 价:45.00 元

《西藏气候变化监测公报(2017年)》
编委会

编写组

主　　编：杜　军

副 主 编：边　多　黄晓清　杨　勇

成　　员（按姓氏拼音排序）：

白玛央宗　次旺顿珠　德吉央宗　胡　军　拉巴卓玛

拉　巴　路红亚　牛晓俊　袁　雷　扎西欧珠　卓　嘎

周刊社

编写单位

西藏自治区气候中心
西藏高原大气环境科学研究所

前　言

　　气候是自然生态系统的重要组成部分,是人类赖以生存和发展的基础条件,也是经济社会可持续发展的重要资源。近百年来,受人类活动和自然因素的共同影响,全球正经历着以气候变暖为显著特征的变化。气候变化导致灾害性极端天气气候事件频发,积雪、冰川和冻土融化加速,水资源分布失衡,生物多样性受到威胁;受海洋热膨胀和冰川冰盖消融影响,全球海平面持续上升,海岸带和沿海地区遭受更为严重的洪涝、风暴等自然灾害,低海拔岛屿和沿海低洼地带甚至面临被淹没的威胁。气候变化对全球自然生态系统和经济社会都产生了广泛影响。

　　青藏高原是气候变化的敏感区、生态环境的脆弱区,全球气候变化对青藏高原的影响日益显著,对西藏的自然生态环境和经济社会可持续发展的潜在影响日益加大。青藏高原又是影响我国中东部天气系统的上游地区,主要灾害性天气的策源地。因此,研究和分析青藏高原天气气候、气候变化及其影响,对科学应对气候变化、有效防御气象灾害意义重大而深远。

　　西藏自然资源丰富,但生态环境脆弱。气候的微小波动往往会引起环境的重大变化。要实现经济社会可持续发展,研究气候的重要性不言而喻。特别是近50年来,西藏气候的变化不仅导致了区域内各种气象灾害的频发和加剧,而且导致雪线上升、冰川退缩、冻土消融、病虫害加剧等,对区域的经济社会发展构成严重威胁,影响了作为国家生态安全屏障的功能。

　　2011年以来,西藏自治区气象局连续7年发布年度《西藏气候变化监测公报》,2017年发布的监测公报,给出了中国、亚洲和全球气候变化状态的最新监测信息,揭示了西藏近57年(1961—2017年)大气圈(气温、降水、极端气候事件指数、天气现象)、冰雪圈(冰川、积雪、冻土)和陆地生态(地温、湖泊、植被、生态气候)等方面的基本科学事实。

　　在本书编写出版过程中,得到了西藏自治区气象局各位领导的关心,国家气候中心、西藏自治区气象信息网络中心提供了大量的气候系统观测资料和基础数据,在此一并对编写《西藏气候变化监测公报(2017年)》付出辛勤劳动的科技工作者表示诚挚的感谢!

编者

2018年4月

编写说明

一、数据来源和其他背景

1. 本公报中全球、亚洲和全国气候变化数据引自中国气象局气候变化中心发布的《2018年中国气候变化蓝皮书》。

2. 本公报中所用西藏数据均来自西藏自治区气象信息网络中心。

3. 本公报常年值是指 1981—2010 年气候基准期的常年平均值。凡是使用其他平均期的值,则用"平均值"一词,全球温度距平是相对于 1961—1990 年的平均值。

4. 本公报计算极端气候事件指数采用 1981—2010 年为基准期。

5. 本公报中 1961—2017 年西藏地表年平均气温、年降水量和年日照时数等气象要素,是指西藏 18 个气象站(附图)年平均气温、降水量和日照时数等气象要素的平均值。

附图 西藏自治区气象站点分布

二、术语表

全球地表平均温度:指与人类生活的生物圈关系密切的平均地球表面的温度,通常是基于按面积加权的海洋表面温度和陆地表面 1.5 m 处的表面气温的全球平均值。

地表平均气温:指某一段时间内,陆地表面气象观测规定高度(1.5 m)上的空气温度值的面积加权平均值。

西藏地表平均气温:指某一段时间内,西藏自治区 18 个气象站,地面气象观测规定高度(1.5 m)上的空气温度值的平均值。

西藏平均年降水量:指西藏自治区 18 个站一年降水量总和的平均值。

西藏平均年降水日数:指西藏自治区 18 个站点一年中降水量≥0.1 mm 日数的平均值。

活动积温:指植物在整个年生长期中高于生物学最低温度之和,即大于某一临界温度值的日平均气温的总和。

霜冻日数:每年日最低气温低于 0 ℃的天数。

结冰日数:每年日最高气温低于 0 ℃的天数。

生长季长度:每年日平均气温大于 5 ℃的天数。

暖昼日数:日最高气温大于历史同期第 90%分位值的日数。

冷昼日数:日最高气温小于历史同期第 10%分位值的日数。

暖夜日数:日最低气温大于历史同期第 90%分位值的日数。

冷夜日数:日最低气温小于历史同期第 10%分位值的日数。

日最大降水量:每年最大的 1 日降水量。

连续 5 日最大降水量:每年连续 5 日的最大降水量。

降水强度:日降水量≥1.0 mm 的总降水量与降水日数的比值。

中雨日数:日降水量≥10 mm 的日数。

大雨日数:日降水量≥20 mm 的日数。

强降水量:日降水量大于基准期内第 95%分位值的总降水量。

极强降水量:日降水量大于基准期内第 99%分位值的总降水量。

连续干旱日数:日降水量<1.0 mm 的最大连续日数。

连续湿润日:日降水量≥1.0 mm 的最大连续日数。

霜:近地气层温度降到 0 ℃以下水汽凝华的一种现象,一天中凡出现白霜现象时统计为一个霜日。

冰雹:一天中凡出现冰雹天气现象时统计为一个冰雹日。

大风日数:凡出现瞬时风速达到或超过 17.2 m/s 的当天作为一个大风日统计。

雷暴:气象观测站在一天内听到雷声则记录当地一个雷暴日。

沙尘暴:一天中凡出现能见度<1 km 沙尘暴天气现象时统计为一个沙尘暴日。

最大冻土层深度:冻土层深度指地面以下最深的冻土层到地面的距离。最大冻土层深度指某段时间内冻土层深度达到的最大值。

目　　录

摘　要

　　气候系统的多种指标和观测表明,全球变暖趋势在持续。2017 年,全球表面平均温度比 1981—2010 年平均值偏高 0.46 ℃,比工业化前水平高出约 1.1 ℃,成为有完整气象观测记录以来的第二暖年份。2017 年,亚洲陆地表面平均气温比常年值偏高 0.74 ℃,是 1901 年以来的第三高值年份。

　　1951—2017 年,中国地表年平均气温平均每 10 年升高 0.24 ℃,平均年降水量无明显的增减趋势,但年际变化明显。2017 年属异常偏暖年份,接近历史最高年份(2007 年);平均年降水量为 641.3 mm,较常年值偏多 1.8%。

　　1961—2017 年,西藏地表年平均气温呈显著上升趋势,平均每 10 年升高 0.32 ℃,明显高于全球(0.14 ℃/10a)、亚洲(0.26 ℃/10a)和全国(0.29 ℃/10a);与我国八大区域比较,西藏气温升温率低于青藏高原(0.37 ℃/10a),接近华北,明显高于其他区域。2017 年,西藏地表年平均气温为 5.1 ℃,比常年值偏高 1.0 ℃,是 1961 年以来仅次于 2009 年,与 2010 年、2016 年并列的第二暖年。

　　1961—2017 年,西藏年降水量以 7.25 mm/10a 的速率呈增加趋势,尤其是近 37 年增幅较大(13.9 mm/10a)。2017 年,西藏年降水量为 503.9 mm,比常年值偏多 41.8 mm,为 1961 年以来第十五多值年份。

　　1961—2017 年,西藏年日照时数平均每 10 年减少 10.33 h,明显比全国平均年日照时数减幅(−33.9 h/10a)偏小;西藏日照时数减少主要表现在夏季。2017 年,西藏年日照时数 2 521.0 h,较常年值偏少 214.6 h,创 1961 年以来的最低。

　　1961—2017 年,西藏年平均总云量、蒸发皿蒸发量、平均风速均呈明显下降趋势;≥0 ℃ 活动积温呈显著增加趋势(61.7 ℃·d/10a),特别是近 37 年,增幅达 85.7 ℃·d/10a。

　　1961—2017 年,西藏年极端最高、最低气温每 10 年分别升高 0.21 ℃ 和 0.66 ℃;年暖昼(夜)日数、生长季长度均呈显著上升趋势,而年冷昼(夜)日数、霜冻日数和结冰日数均表现为显著减少趋势。67% 站点的年中雨日数和年极强降水量、61% 站点的年大雨日数、78% 的站点年强降水量均表现为增多趋势;61% 站点的年连续湿润日数趋于增加,而 78% 站点的年连续干旱日数呈减少趋势。

　　1961—2017 年,西藏年霜日以 6.55 d/10a 的速度增加,而年冰雹日数、大风日数和沙尘暴日数都呈现出不同程度的减少,减幅依次为 1.99 d/10a、9.91 d/10a 和 1.27 d/10a。2017 年年冰雹日数创 1961 年以来的最少。

　　1961—2017 年,西藏海拔 4 500 m 以上地区年最大冻土深度变浅趋势明显,平均每 10 年变浅 15.85 cm;海拔 3 000～4 500 m 地区最大冻土深度减幅为 4.65 cm/10a。

　　1981—2017 年,西藏年积雪日数和年最大积雪深度平均每 10 年分别减少 5.23 d 和

0.49 cm。

1961—2017 年,西藏年植被气候生产潜力平均每 10 年增加 122.91 kg/hm²。2000—2017 年,西藏植被显著退化区域主要集中在中、东部。2017 年全区植被生物量明显高于 2015 年和 2016 年。

1973—2017 年普若岗日冰川面积整体呈明显的减少趋势,平均每年减少 1.93 km²。2017 年普若岗日冰川面积为 389.0 km²,较 1973 年减少了 17.9 %。米堆冰川面积从 20 世纪 80 年代的 3 158.37 km² 减少至 2017 年的 2 197.71 km²,共退缩了 960.66 km²,退缩率为 30.41%。2017 年,卡惹拉冰川面积为 9.25 km²,较 1972 年退缩了 0.17 km²。

1975—2017 年色林错、纳木错湖面面积均呈显著的扩张趋势,平均上涨率分别为 38.48 km²/a 和 2.90 km²/a。2017 年,色林错湖面面积为 2 382.39 km²,较 1975 年(1 621.77 km²)扩张了 46.9%;纳木错湖面面积为 2 009.31 km²,较 1975 年(1 947.0 km²)扩张了 3.20%;扎日南木错湖面面积达 1 007.43 km²,为近 43 年最大值,较 1975 年(999.61 km²)扩张了 0.78%。

第1章 全球与全国气候变化

气候系统的多种指标和观测表明,全球变暖趋势在持续。2017年,全球表面平均温度再创新高,成为有气象观测记录以来的最暖年份,比工业化前水平高出约1.1℃;亚洲陆地表面年平均气温是1901年以来的第二高值;中国亦属于明显偏暖年份。本章以引用文献的方式,重点介绍全球、亚洲地表平均气温的变化趋势以及我国地表气温、降水量的气候变化事实。

1.1 全球地表平均气温

根据世界气象组织发布的《2017年全球气候状况声明》,2017年,全球表面平均温度比1981—2010年平均值(14.3℃)高出0.46℃,比工业化前水平(1850—1990年平均值)高约1.1℃,位列2016年之后,为有完整气象观测记录以来的第二暖年份(图1.1)。但2016年受到超强厄尔尼诺事件影响,为此2017年也视为有完整气象观测记录以来最暖的非厄尔尼诺年份。过去5年(2013—2017年)的全球平均温度比1981—2010年平均值高出0.40℃,比工业化前水平高出1.0℃,是有完整气象观测记录以来最暖的5年期;在有现代气象观测记录以来的10个最暖年份中,除1998年外,其他9个最暖年份均出现在2005年之后。长序列观测资料分析表明:全球变暖趋势仍在进一步持续。

图1.1 1850—2017年全球地表平均温度距平变化(相对于1850—1900年平均值)

(引自世界气象组织《2017年全球气候状况声明》)

1.2 亚洲陆地表面平均气温

1901—2017 年,亚洲陆地表面年平均气温总体上呈明显上升趋势,20 世纪 60 年代末以来,升温趋势尤其显著(图 1.2)。1901—2017 年,亚洲陆地表面平均气温上升了 1.59 ℃。1951—2017 年,亚洲陆地表面平均气温呈显著上升趋势,升温速率为 0.23 ℃/10a。2017 年,亚洲陆地表面平均气温比常年值偏高 0.74 ℃,是 1901 年以来的第三高值年份。

图 1.2　1901—2017 年亚洲陆地表面平均温度距平变化[①]

1.3 全国气候变化

1.3.1 气温

1901—2017 年,中国地表年平均气温呈显著上升趋势,并伴随明显的年代际波动,期间中国地表年平均气温上升了 1.21 ℃(图 1.3)。1951—2017 年,中国地表年平均气温呈显著上升趋势,增温速率为 0.24 ℃/10a;近 20 年是 20 世纪以来的最暖时期,2017 年属异常偏暖年份,中国地表年平均气温接近历史最高年份(2007 年)。

1961—2017 年,中国八大区域(华北、东北、华东、华中、华南、西南、西北和青藏高原)地表年平均气温均呈显著上升趋势,但区域间差异明显(图 1.4)。青藏高原增温速率最大,平均每 10 年升高 0.37 ℃;华北、西北和东北地区次之,升温速率依次为 0.33 ℃/10a、0.30 ℃/10a 和 0.30 ℃/10a;华东地区平均每 10 年升高 0.24 ℃;华中、华南和西南地区升温幅度相对较缓,增温速率依次为 0.18 ℃/10a、0.17 ℃/10a 和 0.16 ℃/10a。2017 年,中国八大区域平均气温均高于常年值,其中华北和华东平均气温偏高超过 1 ℃,华北和华中地区平均气温为 1961 年以来的最高值年份。

[①]引自《2018 年中国气候变化蓝皮书》,下同。

图 1.3　1901—2017 年中国地表平均温度距平变化①

图 1.4　1961—2017 年中国八大区域地表年平均气温距平变化①

　　2017 年，中国大部地区气温接近常年或偏高，内蒙古中西部、黄淮大部、江淮东部、江南东北部、四川西北部、青藏高原大部、甘肃中西部和新疆东部等地偏高 1～2 ℃。

1951—2017 年,中国地表年平均最高气温呈上升趋势(图 1.5(a)),平均每 10 年升高 0.17 ℃,低于年平均气温的上升速率。20 世纪 90 年代之前,中国年平均最高气温变化相对稳定,之后呈明显上升趋势。2017 年,中国地表年平均最高气温比常年值偏高 0.8 ℃。

1951—2017 年,中国地表年平均最低气温呈显著上升趋势(图 1.5(b)),平均每 10 年升高 0.32 ℃,高于年平均气温和年最高气温的上升速率。1987 年之前,最低气温上升较缓,之后升温明显加快。2017 年,中国地表年平均最低气温比常年值偏高 1.0 ℃,为 1951 年以来的第二高值年份。

图 1.5　1951—2017 年中国地表平均最高气温(a)和平均最低气温(b)距平变化[①]

1.3.2　降水

1961—2017 年,中国平均年降水量无明显的增减趋势,但年际变化明显。其中,2016 年、1998 年和 1973 年是排名前三位的降水高值年,2011 年、1986 年和 2009 年是降水最少的 3 个年份。20 世纪 90 年代中国平均年降水量以偏多为主,21 世纪最初 10 年总体偏少,2012 年以来降水量持续偏多(图 1.6)。2017 年,中国平均降水量为 641.3 mm,较常年值偏多 1.8%。与常年值相比,2017 年全国大部地区降水量接近常年,山西中部、西藏西部、甘肃中部、新疆西部偏多 20% 至 1 倍;内蒙古东部、陕西中南部、广西西北部、四川北部、青海中部地区偏少 20%～50%。

图 1.6　1961—2017 年中国平均年降水量距平变化[①]

1961—2017 年,中国八大区域平均年降水量变化趋势差异明显(图 1.7)。青藏高原平均年降水量呈增多趋势,平均每 10 年增加 8.9 mm;西南地区平均年降水量呈减少趋势,平均每 10 年减少 13.0 mm;华北、东北、华东、华中、华南和西北地区年降水量无明显线性变化趋势,但均存在年代际波动变化。21 世纪初以来,华北、东北、华东、华南和西北地区平均年降水量波动上升,而东北和华东地区降水量年际波动幅度增大。2017 年,东北和华东地区平均降水量较常年值偏少,其余地区均较常年值偏高,其中青藏地区平均降水量为 1961 年以来的第二高值年份。

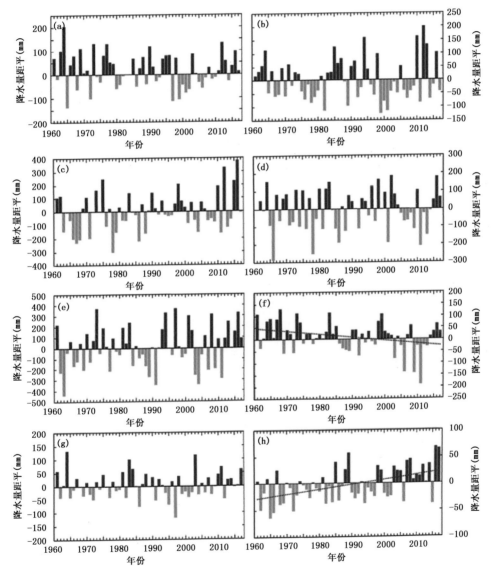

图 1.7　1961—2017 年中国八大区域年降水量距平变化[①]

(a)华北地区,(b)东北地区,(c)华东地区,(d)华中地区,
(e)华南地区,(f)西南地区,(g)西北地区,(h)青藏高原

第2章　西藏自治区气候要素的变化

在全球气候变暖的大背景下,西藏气候也发生了明显的变化,近57年(1961—2017年)总体上呈现为暖湿化的特征,日照时数、蒸发量、平均风速均呈显著减少趋势。年极端最高、最低气温趋于升高,年暖昼(夜)日数、生长季长度均呈显著增加趋势,而年冷昼(夜)日数、霜冻日数和结冰日数都表现为显著的减少趋势。年中雨日数、大雨日数、连续湿润日数均趋于增多,而年连续干旱日数呈减少趋势。

2.1　基本要素

2.1.1　平均气温

2.1.1.1　全区

1961—2017年,西藏地表年平均气温呈显著上升趋势,平均每10年升高0.32 ℃(图2.1),升温主要表现在秋、冬两季(表2.1),尤其是近37年(1981—2017年)升温更明显,冬季升温率达0.60 ℃/10a。近57年西藏地表升温率明显高于全球(0.14 ℃/10a,$P<0.001$,P为显著性检验水平)、亚洲(0.26 ℃/10a,$P<0.001$)和全国(0.29 ℃/10a,$P<0.001$)。与我国八大区域比较(表2.2),西藏地表年平均气温升温率低于青藏高原,接近华北,明显高于其他各区域。2017年,西藏地表年平均气温为5.1 ℃,比常年值偏高1.0 ℃,是1961年以来仅次于2009年,与2010年、2016年并列第二暖年份。

图 2.1　1961—2017年西藏地表年平均气温距平变化

表 2.1　西藏地表平均气温升温率(℃/10a)

时间段(年)	年	冬季	春季	夏季	秋季
1961—2017	0.32***	0.45***	0.27***	0.24***	0.33***
1981—2017	0.42***	0.60***	0.36**	0.28***	0.42***

注:*,**,***分别表示通过 0.05,0.01 和 0.001 显著性检验水平。

表 2.2　1961—2017 年全球、亚洲和中国八大区域地表年平均气温的升温率(℃/10a)

区域	全球	亚洲	中国	华北	东北	华东	华中	华南	西南	西北	青藏高原
升温率	0.14	0.26	0.29	0.33	0.30	0.24	0.18	0.17	0.16	0.30	0.37

从 1961—2017 年西藏地表年平均气温变化趋势空间分布来看(图 2.2),各站点地表年平均气温均呈显著的升高趋势,平均每 10 年升高 0.18~0.53 ℃(P<0.001),其中那曲最大,班戈次之(0.51 ℃/10a),昌都最小。

图 2.2　1961—2017 年西藏地表年平均气温变化趋势空间分布

就四季平均气温变化趋势的地域分布而言,近 57 年(1961—2017 年)西藏各站季平均气温均表现为升高趋势,主要表现在秋、冬两季。春季升温率为 0.06~0.47 ℃/10a(图 2.3(a);除昌都、嘉黎外,其余站 P<0.01),其中狮泉河最高,拉萨次之(0.45 ℃/10a),嘉黎最低。夏季(图 2.3(b)),各地升温率为 0.08~0.42 ℃/10a(16 个站 P<0.001),以拉萨最高,其次是狮泉河(0.34 ℃/10a),嘉黎最低。各站秋季升温率为 0.15~0.52 ℃/10a(图 2.3(c),16 个站 P<0.001),以拉萨和那曲最高,其次是班戈(0.50 ℃/10a),昌都最低。各站冬季平均气温升温率为 0.24~0.92 ℃/10a(图 2.3(d),16 个站 P<0.001),以班戈最高,那曲次之(0.81 ℃/10a),隆子最低,其中那曲市大部、拉萨和当雄升温率大于 0.50 ℃/10a。

根据 1981—2017 年西藏 7 个地(市)地表年平均气温变化趋势的分析(图 2.4)来看,阿里地区升温率最大,达 0.61 ℃/10a;其次是那曲市,为 0.51 ℃/10a;山南市最小,为 0.31 ℃/10a;拉萨市、昌都市、林芝市和日喀则市升温率分别为 0.48 ℃/10a、0.41 ℃/10a、0.34 ℃/10a 和 0.37 ℃/10a。

图 2.3 1961—2017 年西藏地表四季平均气温变化趋势空间分布

(a)春季，(b)夏季，(c)秋季，(d)冬季

图 2.4 1981—2017 年西藏全区及各地(市)地表年平均气温距平变化

2.1.1.2　拉萨站

1952—2017 年,拉萨国家基本站地表年平均气温呈显著升高趋势,升温率为 0.37 ℃/10a($P<0.001$,图 2.5)。20 世纪 50—80 年代气温以偏低为主,进入 90 年代后,气温快速升高,1991—2017 年平均每 10 年升高 0.65 ℃($P<0.001$)。2017 年,拉萨站年平均气温为 9.8 ℃,较常年偏高 1.3 ℃,为 1952 年以来第三高值年份。

图 2.5　1952—2017 年拉萨地表年平均气温距平变化

从拉萨四季地表平均气温的变化趋势来看(表 2.3),各季均表现为升高趋势,主要表现在冬季,尤其是近 27 年(1991—2017 年),冬季升温率达 0.84 ℃/10a,秋季升温率次之,达到 0.68 ℃/10a。

表 2.3　拉萨地表平均气温升温率(℃/10a)

时间段(年)	年	冬季	春季	夏季	秋季
1952—2017	0.37***	0.48***	0.27***	0.35***	0.37***
1981—2017	0.61***	0.79***	0.54***	0.40***	0.68***
1991—2017	0.65***	0.84***	0.45**	0.60**	0.68**

注:*,**,***分别表示通过 0.05,0.01 和 0.001 显著性检验水平。

在 10 年际变化尺度上(表 2.4),20 世纪 60 年代以来,拉萨年、季地表平均气温表现为逐年代增高的变化特征,20 世纪 60 年代是最冷的 10 年,21 世纪最初 10 年是最暖的 10 年,特别是冬季更为突出,后者比前者偏高 2.8 ℃。

表 2.4　拉萨地表平均气温的各年代平均距平(℃)

年代	年	冬季	春季	夏季	秋季
20 世纪 50 年代	−0.7	−1.2	−0.1	−1.1	−0.6
20 世纪 60 年代	−1.4	−1.7	−1.2	−1.3	−1.5
20 世纪 70 年代	−0.9	−1.0	−0.8	−1.0	−0.7
20 世纪 80 年代	−0.6	−0.8	−0.7	−0.3	−0.7
20 世纪 90 年代	−0.1	−0.4	0.2	−0.3	0.0
21 世纪最初 10 年	0.7	1.1	0.5	0.5	0.7

注:距平为各年代平均值与 1981—2010 年平均值的差。

2.1.1.3 昌都站

1953—2017年,昌都国家基准站地表年平均气温呈显著升高趋势,升温率为0.12 ℃/10a($P<0.001$,图2.6)。20世纪50—80年代气温以振荡为主,进入90年代后,气温明显升高,1991—2017年升温率为0.41 ℃/10a($P<0.001$)。2017年,昌都站年平均气温为8.7 ℃,较常年值偏高0.9 ℃,为1953年以来第二高值年份,仅次于2009年(9.2 ℃)。

图2.6 1953—2017年昌都地表年平均气温距平变化

从昌都四季地表平均气温变化趋势来看(表2.5),各时段气温均表现为升高趋势,尤其是冬季。近27年(1991—2017年)升温幅度较大,冬季升温率达0.58 ℃/10a,夏季升温率为0.44 ℃/10a。

表2.5 昌都地表平均气温升温率(℃/10a)

时间段(年)	年	冬季	春季	夏季	秋季
1953—2017	0.12***	0.24***	0.03	0.10	0.09
1981—2017	0.29***	0.46**	0.23*	0.18	0.28*
1991—2017	0.41***	0.58**	0.18	0.44*	0.43*

注:*,**,***分别表示通过0.05,0.01和0.001显著性检验水平。

在10年际变化尺度上(表2.6),总体来看,20世纪60年代以来,昌都年、季地表平均气温呈逐年代增高的变化特征,20世纪60年代是最冷的10年,21世纪最初10年是最暖的10年。在冬季,两个年代平均气温相差1.6 ℃。

表2.6 昌都地表平均气温的各年代平均距平(℃)

年代	年	冬季	春季	夏季	秋季
20世纪50年代	0.0	−0.5	0.4	0.0	0.1
20世纪60年代	−0.4	−0.8	−0.1	−0.4	−0.4
20世纪70年代	−0.3	−0.7	−0.1	−0.3	−0.1
20世纪80年代	−0.2	−0.4	−0.3	0.0	−0.2
20世纪90年代	−0.1	−0.4	0.1	−0.3	−0.1
21世纪最初10年	0.4	0.8	0.2	0.3	0.4

注:距平为各年代平均值与1981—2010年平均值的差。

2.1.2　平均最高气温和最低气温

2.1.2.1　全区

1961—2017 年,西藏地表年平均最低气温呈显著升高趋势(图 2.7(a),表 2.7),平均每 10 年升高 0.42 ℃($P<0.001$),高于年平均气温的升温率;1981—2017 年升温率达到 0.51 ℃/10a。同样,地表年平均最高气温也呈明显升高趋势(图 2.7(b),表 2.7),平均每 10 年升高 0.29 ℃($P<0.001$),但低于年平均气温和平均最低气温的上升速率。1997 年以前西藏年平均最高气温变化相对稳定,之后呈明显上升趋势;1981—2017 年升温率为 0.51 ℃/10a。四季平均最高、最低气温的升温主要表现在冬季(表 2.7),尤其是近 27 年冬季平均最高气温升温率达 1.03 ℃/10a($P<0.001$)。

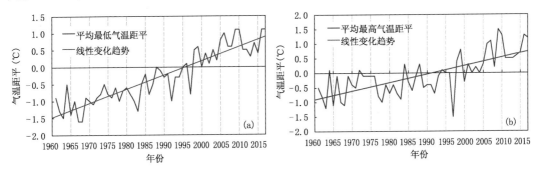

图 2.7　1961—2017 年西藏地表年平均最低气温(a)和最高气温(b)距平变化

表 2.7　西藏地表平均最高、最低气温升温率(℃/10a)

要素	时间段(年)	年	冬季	春季	夏季	秋季
平均最高气温	1961—2017	0.29***	0.41***	0.20**	0.20***	0.31***
	1981—2017	0.45***	0.71***	0.38**	0.22***	0.45**
平均最低气温	1961—2017	0.42***	0.55***	0.41***	0.31***	0.38***
	1981—2017	0.51***	0.59***	0.47***	0.47***	0.51***

注:*,**,*** 分别表示通过 0.05,0.01 和 0.001 显著性检验水平。

2017 年,西藏地表年平均最高气温为 12.9 ℃,比常年值偏高 1.2 ℃,是 1961 年以来第四高值年份。年平均最低气温为 −1.2 ℃,比常年值偏高 1.0 ℃,是 1961 年以来与 2009 年、2010 年、2016 年并列第一高值年份。

从 1961—2017 年西藏地表年平均最高气温变化趋势空间分布来看,各站点地表年平均最高气温均表现为升高趋势(图 2.8(a)),平均每 10 年升高 0.10~0.47 ℃(除嘉黎未通过显著性检验外,其余站 $P<0.001$),其中拉萨升温幅度最大,其次是索县(0.41 ℃/10a),嘉黎最小;那曲市大部、拉萨、当雄、隆子和狮泉河升温率大于 0.30 ℃/10a。在四季变化趋势上,平均最高气温表现出以下特征:(1)最大升温率除狮泉河出现在春季外,其余站点均发生在冬季;(2)春季(图略),平均最高气温在嘉黎站表现为较弱的降温趋势,其他各站呈升温趋势且 66.7%的站点 $P<0.05$;(3)夏季,平均最高气温在帕里站呈较弱的降温趋势(图 2.8(b)),其他各站为升温趋势且 82.44 %的站点 $P<0.05$;(4)秋季(图略)、冬季(图 2.8(c))各站均表现为升温

趋势,$P<0.05$ 的站点分别为 16 个和 18 个。

图 2.8　1961—2017 年西藏地表年、季平均最高气温变化趋势空间分布
(a)年,(b)夏季,(c)冬季

　　近 57 年西藏各站地表年平均最低气温均表现为明显升高趋势(图 2.9(a)),平均每 10 年升高 0.12～0.78 ℃(所有站 $P<0.001$),其中那曲、班戈、拉萨、浪卡子和狮泉河升温率大于

图 2.9　1961—2017 年西藏地表年、季平均最低气温变化趋势空间分布
(a)年,(b)夏季,(c)冬季

0.50 ℃/10a,以那曲升温率最大,其次是班戈(0.76 ℃/10a),隆子最小。在四季变化趋势上,平均最低气温最大升温率出现的季节不同,日喀则、隆子、林芝在春季,狮泉河在夏季,其余站点均表现在冬季。平均最低气温除隆子在秋季无变化外,各站四季均呈升温趋势,其中春季升温率为 0.20~0.73 ℃/10a(所有站点 $P<0.01$),以那曲和拉萨最大,其次是班戈(0.70 ℃/10a),嘉黎最小;夏季升温率为 0.11~0.63 ℃/10a(图 2.9(b),所有站点 $P<0.05$),以狮泉河最大,那曲次之(0.53 ℃/10a),江孜最小;秋季升温率为 0.12~0.71 ℃/10a(17 个站点 $P<0.05$),以那曲最大,狮泉河其次(0.68 ℃/10a),江孜最小;冬季升温率为 0.09~1.29 ℃/10a(图 2.9(c),17 个站点 $P<0.05$),以班戈最大,那曲次之(1.15 ℃/10a),隆子最小。

2.1.2.2　拉萨站

1952—2017 年,拉萨国家基本站地表年平均最高气温和平均最低气温均表现为显著的上升趋势(图 2.10,表 2.8),升温率分别为 0.32 ℃/10a($P<0.001$)和 0.58 ℃/10a($P<0.001$),主要表现在冬季。进入 20 世纪 90 年代后,最高和最低气温快速上升,近 27 年(1991—2017年)升温率分别达到 0.67 ℃/10a($P<0.001$)和 0.84℃/10a($P<0.001$),其中冬季最高气温上升更明显,平均每 10 年升高 1.13 ℃。2017 年,拉萨站年平均最高气温为 17.6 ℃,较常年偏高 1.3 ℃,为 1952 年以来第三高值年份。年平均最低气温为 4.0 ℃,较常年偏高 1.8 ℃,是1952 年以来与 2009 年并列第一高值年份。

图 2.10　1952—2017 年拉萨地表年平均最高气温(a)和平均最低气温(b)距平变化

表 2.8　拉萨地表平均最高气温和平均最低气温的升温率(℃/10a)

时间段(年)	年	冬季	春季	夏季	秋季
1952—2017	0.32***/0.58***	0.43***/0.70***	0.22***/0.59***	0.37***/0.47***	0.30***/0.54***
1981—2017	0.55***/0.91***	0.87***/1.01***	0.42***/0.93***	0.25***/0.70***	0.58***/0.97***
1991—2017	0.67***/0.84***	1.13***/0.92***	0.28/0.81***	0.50*/0.81***	0.70**/0.82***

注:*,**,***分别表示通过 0.05,0.01 和 0.001 显著性检验水平;"/"前后数字分别为平均最高气温和最低的升温率。

根据拉萨站平均最高(最低)气温在 10 年际变化尺度上来看(表 2.9),20 世纪 50—80 年代年、季气温均为负距平;90 年代冬季和夏季气温为负距平,春、秋两季气温为正常或正距平;进入 21 世纪初,年、季平均最高(最低)气温均表现正距平,尤其是冬季。20 世纪 60 年代至 21世纪最初 10 年表现为逐年代增温的变化特征,60 年代是最冷的 10 年,21 世纪最初 10 年是最暖的 10 年。21 世纪最初 10 年与 20 世纪 60 年代比较,年平均最高气温和最低气温分别偏高

1.9 ℃和2.9 ℃;冬季更明显,平均最高气温和平均最低气温分别偏高2.4 ℃和3.9 ℃。

表2.9 拉萨地表平均最高气温和平均最低气温的各年代平均距平(℃)

年代	年	冬季	春季	夏季	秋季
20世纪50年代	−0.5/−1.5	−0.7/−1.8	−0.1/−1.5	−1.2/−1.5	−0.1/−1.4
20世纪60年代	−1.4/−1.8	−1.2/−2.6	−1.2/−1.9	−1.6/−1.2	−1.3/−1.5
20世纪70年代	−1.0/−1.2	−0.9/−1.6	−0.8/−1.4	−1.2/−1.0	−0.9/−0.8
20世纪80年代	−0.5/−1.0	−0.7/−1.1	−0.6/−1.1	−0.1/−0.7	−0.5/−1.1
20世纪90年代	−0.2/0.0	−0.6/−0.1	0.3/0.0	−0.3/−0.2	0.0/0.1
21世纪最初10年	0.5/1.1	1.2/1.3	0.3/1.0	0.3/0.9	0.4/1.2

注:距平为各年代平均值与1981—2010年平均值的差;"/"前后数字分别为平均最高气温和平均最低气温的距平。

2.1.2.3 昌都站

1954—2017年,昌都国家基准站地表年平均最高气温和平均最低气温都表现为明显上升趋势(图2.11,表2.10),升温率分别为0.14 ℃/10a($P<0.01$)和0.17 ℃/10a($P<0.001$),主要表现在冬季。近37年(1981—2017年)年平均最高气温和最低气温上升速度更快,升温率分别达到0.34 ℃/10a($P<0.001$)和0.38 ℃/10a($P<0.001$),以冬、春季升温为主。进入90年代后,平均最高气温在春季明显下降,其他三季最高气温升温继续;而四季平均最低气温上升趋势更显著,升温率为0.42~0.50 ℃/10a($P<0.05$),以冬季最高。

2017年,昌都站年平均最高气温为18.0 ℃,较常年偏高1.1 ℃,为1954年以来第二高值年份,仅次于2009年(18.6 ℃)。年平均最低气温为1.7 ℃,较常年偏高0.6 ℃,是1954年以来并列第六高值年份。

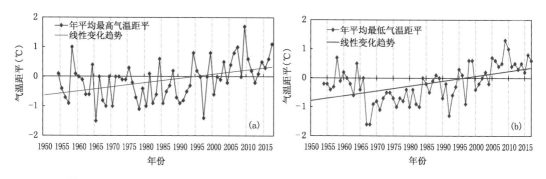

图2.11 1954—2017年昌都地表年平均最高气温(a)和平均最低气温(b)距平变化

表2.10 昌都地表平均最高气温和平均最低气温的升温率(℃/10a)

时间段(年)	年	冬季	春季	夏季	秋季
1954—2017	0.14**/0.17***	0.29***/0.24***	0.02/0.16***	0.16*/0.12*	0.07/0.15*
1981—2017	0.34***/0.38***	0.58**/0.47***	0.25*/0.36***	0.18/0.30*	0.27*/0.39***
1991—2017	0.40*/0.47***	0.68*/0.50*	0.02/0.42**	0.48**/0.48*	0.33/0.48*

注:*,**,***分别表示通过0.05,0.01和0.001显著性检验水平;"/"前后数字分别为平均最高气温和平均最低气温的升温率。

在 10 年际变化尺度上(表 2.11),总体来看,20 世纪 70 年代至 21 世纪初昌都年、季平均最高(最低)气温表现为逐年代上升的变化特征。年平均最高气温最小值出现在 20 世纪 60 年代,而年平均最低气温最小值出现在 70 年代。四季平均最高(最低)气温的最小值出现的年代也不尽相同。不过,年、季平均最高(最低)气温的最大值均出现在 21 世纪最初 10 年里。21 世纪最初 10 年与 20 世纪 60 年代比较,昌都年平均最高气温和平均最低气温均偏高 1.0 ℃;在冬季,平均最高气温和平均最低气温分别偏高 1.9 ℃和 1.6 ℃。

表 2.11 昌都地表平均气温的各年代平均距平(℃)

年代	年	冬季	春季	夏季	秋季
20 世纪 60 年代	−0.5/−0.6	−0.8/−0.8	−0.1/−0.4	−0.7/−0.1	−0.3/−0.6
20 世纪 70 年代	−0.3/−0.7	−0.7/−1.1	−0.1/−0.5	−0.2/−0.6	−0.3/−0.5
20 世纪 80 年代	−0.4/−0.4	−0.6/−0.4	−0.5/−0.3	0.0/−0.1	−0.3/−0.4
20 世纪 90 年代	−0.2/−0.2	−0.5/−0.3	0.2/0.0	−0.3/−0.2	−0.1/−0.1
21 世纪最初 10 年	0.5/0.4	1.1/0.8	0.3/0.4	0.3/0.4	0.3/0.4

注:距平为各年代平均值与 1981—2010 年平均值的差;"/"前后数字分别为平均最高气温和平均最低气温的距平。

2.1.3 气温年较差和日较差

2.1.3.1 气温年较差

1961—2017 年,西藏气温年较差表现为明显变小趋势,平均每 10 年减小 0.28 ℃($P<$ 0.01,图 2.12);近 37 年(1981—2017 年)气温年较差也趋于减小,为 −0.30 ℃/10a(未通过显著性检验)。

2017 年西藏气温年较差为 18.4 ℃,较常年值偏低 0.7 ℃,为 1961 年以来并列第十二低值年份。各地气温年较差在 15.4～24.6 ℃,以林芝最小、狮泉河最大。其中,狮泉河、那曲、索县在 20.0 ℃以上。

图 2.12 1961—2017 年西藏气温年较差距平变化

从西藏气温年较差在 10 年际变化尺度上来看(图 2.13),20 世纪 60 年代最高,较常年值偏高 1.2 ℃;70—90 年代气温年较差仍处于偏高期,且呈逐年代增加趋势;进入 21 世纪初,气温年较差较常年值偏低 0.4 ℃。在 30 年际变化尺度上,1981—2010 年气温年较差最低,分别比 1961—1990 年和 1971—2010 年偏低 0.5 ℃和 0.3 ℃。

图 2.13　1961—2010 年西藏气温年较差的年代际变化

从近 57 年(1961—2017 年)西藏各站气温年较差变化趋势来看(图 2.14),除狮泉河以 0.14 ℃/10a 的速度增大、林芝无变化外,其他各站均呈现为一致的变小趋势,为 −0.04 ～ −1.03 ℃/10a(9 个站 $P<0.05$),其中班戈减幅最大($P<0.001$),其次是那曲,为 −0.74 ℃/ 10a($P<0.001$),隆子减幅最小。海拔 4 200 m 以上地区气温年较差变小幅度较大,在 0.45 ℃/10a 以上。

图 2.14　1961—2017 年西藏气温年较差变化趋势空间分布

2.1.3.2　气温日较差

1961—2017 年,西藏年气温日较差表现为明显变小趋势(图 2.15,表 2.12),平均每 10 年减小 0.13 ℃($P<0.001$),主要表现在冬季和春季,以春季减幅最大,为 −0.20 ℃/10a($P<$ 0.001)。近 37 年(1981—2017 年)气温日较差变小趋势趋缓,仅为 −0.06 ℃/10a(未通过显著性检验),与气温日较差冬季变大、春季减小趋缓有关。2017 年西藏年气温日较差为 14.1 ℃,较常年值偏高 0.1 ℃。

在 10 年际变化尺度上,西藏年气温日较差在 20 世纪 60 年代至 21 世纪初呈逐年代变小趋势,60 年代是最大的 10 年,21 世纪最初 10 年是最小的 10 年。在 30 年际变化尺度上,1981—2010 年气温日较差分别比 1961—1990 年和 1971—2010 年偏小 0.4 ℃和 0.2 ℃。

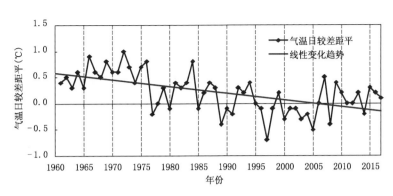

图 2.15　1961—2017 年西藏年气温日较差距平变化

表 2.12　西藏平均气温日较差的变化率(℃/10a)

时间段	年	冬季	春季	夏季	秋季
1961—2017	−0.13***	−0.14**	−0.20***	−0.10	−0.08
1981—2017	−0.06	0.13	−0.09	−0.22	−0.10

注:*,**,***分别表示通过 0.05,0.01 和 0.001 显著性检验水平。

　　根据近 57 年(1961—2017 年)西藏各站气温日较差变化趋势空间分布来看(图 2.16),年平均情况下,申扎、日喀则、隆子和索县呈变大趋势,增幅为 0.01~0.19 ℃/10a,其中隆子增幅最大(P<0.001);林芝无变化;其他各站呈现为一致的变小趋势,为 −0.03~−0.49 ℃/10a(10 个站 P<0.05),其中班戈减幅最大(P<0.001),其次是那曲,为 −0.44 ℃/10a(P<0.001),丁青减幅最小。

图 2.16　1961—2017 年西藏年气温日较差变化趋势空间分布

　　从 1961—2017 年西藏四季气温日较差变化趋势空间分布来看,春季(图 2.17(a))气温日较差在申扎和隆子站上呈变大趋势(0.04 ℃/10a),其他各站趋于变小,为 −0.02~−0.55 ℃/10a(13 个站 P<0.05),以那曲减幅最大(P<0.001),其次是班戈,为 −0.49 ℃/10a(P<0.001),林芝减幅最小。夏季(图 2.17(b)),气温日较差趋于增大的站点有 5 个站,分布在昌

都、丁青、索县、江孜和隆子,增幅为 0.01～0.10 ℃/10a(未通过显著性检验;以索县最大,丁青最小);当雄无变化;其他各站为变小趋势,为 -0.05～-0.46 ℃/10a(6 个站 $P<0.05$),其中狮泉河减幅最大($P<0.001$),班戈次之(-0.29 ℃/10a,$P<0.001$),日喀则减幅最小。秋季(图 2.17(c)),申扎、日喀则、江孜和隆子 4 个站气温日较差呈增大趋势,增幅为 0.15～0.35 ℃/10a(隆子、日喀则和江孜 3 个站 $P<0.01$),其中隆子增幅最大、申扎最小;其他各站表现为变小趋势,为 -0.02～-0.37 ℃/10a(6 个站 $P<0.05$),以狮泉河减幅最大($P<0.01$),索县减幅最小。冬季(图 2.17(d)),丁青、索县、林芝、隆子、泽当和日喀则 6 个站的气温日较差呈增大趋势,增幅为 0.03～0.31 ℃/10a(隆子、日喀则和林芝 3 个站 $P<0.05$),其中隆子增幅最大($P<0.001$)、索县增幅最小;昌都无变化;其他各站表现为变小趋势,为 -0.02～-0.83 ℃/10a(7 个站 $P<0.05$),以班戈减幅最大($P<0.001$),那曲次之(-0.67 ℃/10a,$P<0.001$),申扎减幅最小。

图 2.17 1961—2017 年西藏四季气温日较差变化趋势空间分布
(a)春季,(b)夏季,(c)秋季,(d)冬季

2.1.4 降水

2.1.4.1 降水量

(1)全区

1961—2017 年,西藏年降水量呈增加趋势,平均每 10 年增加 7.25 mm(图 2.18,表 2.13),较 1961—2016 年的增幅(6.8 mm/10a)偏大。近 37 年(1981—2017 年)年降水量增加趋势明显,增幅为 13.91 mm/10a($P<0.001$),主要表现在春季(6.77 mm/10a,$P<0.01$)和夏季(9.07 mm/10a)。但近 27 年(1991—2017 年)全区年降水量增幅明显变小(3.98 mm/10a),

春季降水量呈增加趋势,夏季降水略有增加,秋、冬两季趋于减少。

2017 年,西藏平均年降水量为 503.9 mm,比常年值(462.1 mm)偏多 41.8 mm,为 1961 年以来第十五多值年份。

图 2.18 1961—2017 年西藏年降水量距平变化

表 2.13 西藏降水量的变化趋势(mm/10a)

时间段(年)	年	春季	夏季	秋季	冬季
1961—2017	7.25	5.20***	−0.03	1.60	0.53
1981—2017	13.91***	6.77**	9.07	−1.35	−0.42
1991—2017	3.98	8.00*	0.28	−3.25	−0.87

注:*,**,***分别表示通过 0.05,0.01 和 0.001 显著性检验水平。

西藏年降水量变化趋势与全国八大区域比较,华北、东北、华东、华中、华南和西北地区年降水量无明显线性变化趋势,但均存在年代际波动变化。西南地区年降水量呈明显下降趋势(−14.2 mm/10a),青藏高原年降水量呈增加趋势(8.0 mm/10a),高于西藏地区的增幅。

西藏年降水量在 10 年际变化尺度上(图 2.19),20 世纪 60—80 年代偏少,呈逐年代递减态势,90 年代至 21 世纪初偏多;20 世纪 80 年代是近 50 年降水最少的 10 年,90 年代和 21 世纪初降水均偏多,90 年代是近 50 年降水最多的 10 年。在 30 年际变化尺度上,年降水量呈逐年代际增多趋势,1981—2010 年平均值较 1961—1990 年、1971—2000 年的平均值分别偏多 14.5 mm 和 8.4 mm。

图 2.19 1961—2010 年西藏年降水量的年代际变化

从 1961—2017 年西藏年降水量变化趋势空间分布来看(图 2.20),日喀则、江孜和泽当年降水量表现为减少趋势,为 $-0.66 \sim -4.62$ mm/10a,以日喀则减幅最大,其次是江孜,为 -3.83 mm/10a;其他各站均呈增加趋势,增幅为 $0.61 \sim 17.22$ mm/10a,其中班戈增幅最大($P<0.01$),嘉黎次之(16.99 mm/10a,$P<0.05$),当雄最小;那曲市各站、林芝增加大于 10.00 mm/10a。

图 2.20 1961—2017 年西藏年降水量变化趋势空间分布

就四季降水量变化趋势的地域分布而言,近 57 年(1961—2017 年)西藏各站季降水量变化趋势表现的各不相同。春季降水量在所有站点上都表现为增加趋势(图 2.21(a)),增幅为 $0.47 \sim 11.59$ mm/10a(12 个站点 $P<0.05$),其中波密增幅最大($P<0.05$),丁青次之

图 2.21 1961—2017 年西藏地表四季降水量变化趋势空间分布

(a)春季,(b)夏季,(c)秋季,(d)冬季

（8.63 mm/10a，$P<0.01$），狮泉河最小；那曲市增幅为 $5.46\sim7.85$ mm/10a（$P<0.05$），昌都市北部增幅为 $4.86\sim8.63$ mm/10a（$P<0.05$）。夏季（图 2.21（b）），那曲市、狮泉河、拉萨、浪卡子、隆子和林芝等地降水量呈增加趋势，增幅为 $0.25\sim9.79$ mm/10a，增幅以班戈最大（$P<0.10$），其次是申扎，狮泉河最小；其他各站表现为减少趋势，为 $-1.26\sim-12.76$ mm/10a（均未通过显著性检验），其中丁青减幅最大，波密次之（-10.87 mm/10a），帕里最小。秋季（图 2.21（c）），降水量趋于减小的站点，主要分布在沿雅鲁藏布江一线、南部边缘地区和阿里地区西部，为 $-0.01\sim-2.93$ mm/10a（均未通过显著性检验），以日喀则减幅最大；其他各站降水量呈增加趋势，增幅为 $0.25\sim9.42$ mm/10a，以嘉黎增幅最大（$P<0.01$），其次是丁青（7.18 mm/10a，$P<0.05$），申扎增幅最小。冬季（图 2.21（d）），降水量在狮泉河和日喀则 2 个站表现为较弱的减少趋势（-0.10 mm/10a 左右），昌都无变化；其余各站均表现为增加趋势，但增幅不大，为 $0.01\sim1.42$ mm/10a（仅那曲市大部 $P<0.05$），其中帕里最大，索县次之（1.40 mm/10a），浪卡子最小。

1981—2017 年，就西藏 7 个地（市）平均年降水量的变化趋势（图 2.22）而言，林芝市呈减少趋势，平均每 10 年减少 1.9 mm；其余地（市）降水量趋于增加，增幅为 $3.87\sim19.49$ mm/10a，其中拉萨市增幅最大（19.49 mm/10a），其次是山南市，为 18.91 mm/10a；日喀则市增幅最小，每 10 年仅增加 3.87 mm；阿里地区、那曲市和昌都市依次为 10.43 mm/10a、16.97 mm/10a

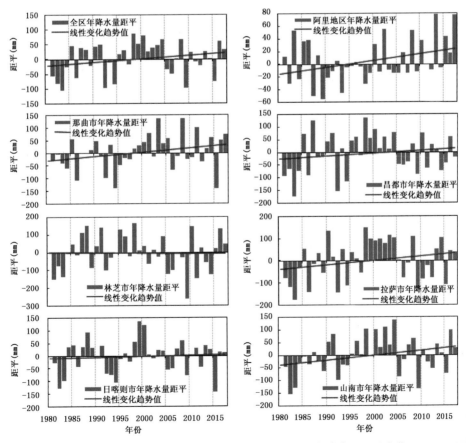

图 2.22　1981—2017 年西藏全区及各地（市）平均年降水量距平变化

和10.56 mm/10a。与1981—2016年比较,林芝市降水量减少趋势变缓,阿里地区增幅加大,其他各市增减幅度变化不大。

(2)拉萨站

1952—2017年,拉萨国家基本站年降水量呈增加趋势,平均每10年增加6.36 mm(图2.23,表2.14),较1952—2015年的增幅(5.2 mm/10a)偏大,主要表现在春、夏两季。近37年(1981—2017年)降水量增幅明显,为36.23 mm/10a($P<0.05$),以夏季增幅最突出。1991年以来,拉萨年降水量增幅变小,为13.68 mm/10a,主要由于秋季降水量减少,抵扣了夏季降水量增加的效应。2017年,拉萨站年降水量为550.6 mm,较常年值偏多112.0 mm,为1952年以来第九多雨年。

图2.23 1952—2017年拉萨年降水量距平变化

表2.14 拉萨降水量的变化趋势(mm/10a)

时间段(年)	年	春季	夏季	秋季	冬季
1952—2017	6.36	2.83	2.21	1.40	0.53
1981—2017	36.23*	4.31	38.27*	−6.21	−0.07
1991—2017	13.68	1.28	30.13	−17.54*	−0.11

注:*,**,*** 分别表示通过0.05,0.01和0.001显著性检验水平。

(3)昌都站

1953—2017年,昌都国家基准站年降水量总体上呈增加趋势,平均每10年增加2.21 mm(图2.24,表2.15),较1953—2016年的增幅(3.1 mm/10a)偏小。近37年(1981—2017年)降水量增幅为7.02 mm/10a,但近27年(1991—2017)降水量呈减少趋势,为−12.89 mm/10a。就四季降水量的变化趋势而言,春季降水量在不同时段内均表现为增加趋势。近65年(1953—2017年)来,夏季降水量总体上趋于减少,特别是近27年(1991—2017年)减幅较大,为−21.8 mm/10a。1953—2017年,秋季降水量呈增加趋势,这种态势在近27年仍在继续。冬季降水量在过去65年里呈弱的减少趋势,不过近27年冬季降水略有增加。

2017年,昌都站年降水量为430.9 mm,较常年值偏少58.4 mm,是1953年以来第十九少雨年,也是2001年以来第六多雨年。

图 2.24　1953—2017 年昌都年降水量距平变化

表 2.15　昌都降水量的变化趋势（mm/10a）

时间段（年）	年	春季	夏季	秋季	冬季
1953—2017	2.21	2.98	−2.44	1.98	−0.27
1981—2017	7.02	4.24	5.62	−2.34	−0.45
1991—2017	−12.89	6.01	−21.8	2.60	0.40

注：均未通过显著性检验。

2.1.4.2　降水日数

1961—2017 年，西藏平均降水量≥0.1 mm 年降水日数呈弱的增加趋势（图 2.25，表 2.16），平均每 10 年增加 0.13 d，主要表现在春季（0.78 d/10a，$P<0.05$）；夏、秋两季降水日数趋于减少。近 37 年（1981—2017 年）西藏平均年降水日数增加趋势略有加大，为 0.34 d/10a，主要表现在夏季；冬季降水日数呈显著减少趋势，为 −0.81 d/10a（$P<0.05$）。2017 年，西藏平均年降水日数为 113.7 d，比常年值（117.8 d）偏少 4.1 d。

图 2.25　1961—2017 年西藏年降水日数变化

表 2.16　西藏降水日数的变化趋势（d/10a）

时间段（年）	年	春季	夏季	秋季	冬季
1961—2017	0.13	0.78*	−0.33	−0.36	0.05
1981—2017	0.34	0.53	1.08	−0.36	−0.81*

注：* 表示通过 0.05 显著性检验水平。

根据 1961—2017 年西藏各站降水量≥0.1 mm 年降水日数分析发现(图 2.26),沿雅鲁藏布江一线、林芝市、狮泉河和帕里等站表现为减少趋势,为-0.49~-2.93 d/10a,以波密减幅最大(P<0.01),其次是浪卡子,为-1.66 d/10a,帕里减幅最小;其他各站呈增加趋势,增幅为0.26~4.02 d/10a(3 个站 P<0.05),其中班戈增幅最大(P<0.01),那曲次之,为 2.67 d/10a(P<0.01),隆子增幅最小。

图 2.26　1961—2017 年西藏年降水日数变化趋势空间分布

从 1961—2017 年西藏各站降水量≥0.1mm 四季降水日数变化趋势空间分布来看,春季(图 2.27(a)),降水日数仅在狮泉河表现为减少趋势(-0.1 d/10a);其他各站均呈增加趋势,

图 2.27　1961—2017 年西藏四季降水日数变化趋势空间分布
(a)春季,(b)夏季,(c)秋季,(d)冬季

增幅为 0.08～2.02 d/10a(4 个站 $P<0.05$)，以班戈增幅最大($P<0.01$)，那曲次之，为 1.84 d/10a($P<0.01$)，波密增幅最小。夏季(图 2.27(b))，那曲市大部、隆子降水日数趋于增加，增幅为 0.06～1.12 d/10a，以班戈增幅最大，其次是申扎，为 0.45 d/10a，隆子增幅最小；其他各站均呈减少趋势，为 −0.03～−1.22 d/10a(波密和帕里站 $P<0.01$)，以江孜减幅最大，其次是波密(−1.20 d/10a)，林芝减幅最小。秋季(图 2.27(c))，降水日数趋于增加的站点分布在昌都市北部、索县、那曲和班戈等地，增幅为 0.05～0.49 d/10a，以那曲增幅最大，昌都增幅最小；其他各站均呈减少趋势，为 −0.01～−1.59 d/10a(浪卡子和林芝站 $P<0.01$)，以浪卡子减幅最大，林芝次之(−1.22 d/10a)，申扎和狮泉河减幅最小。冬季(图 2.27(d))，那曲市东部、林芝市、狮泉河、浪卡子等地降水日数表现为减少趋势，为 −0.07～−0.70 d/10a，以波密减幅最大($P<0.05$)，其次是嘉黎，为 −0.59 d/10a，索县减幅最小；其他各站呈增加趋势，增幅为 0.02～0.82 d/10a(班戈和隆子 2 个站 $P<0.05$)，以班戈增幅最大，申扎次之(0.44 d/10a)，日喀则增幅最小。

2.1.5　日照时数

2.1.5.1　年日照时数

1961—2017 年，西藏平均年日照时数呈减少趋势(图 2.28，表 2.17)，平均每 10 年减少 10.33 h，明显比全国平均年日数时数减幅(−33.9 h/10a)偏小，西藏日照时数减少主要体现在夏季(−4.91 h/10a)，而冬季日照时数呈增加趋势(2.98 h/10a，$P<0.10$)。近 37 年(1981—2017 年)西藏年日照时数减少趋势更明显，平均每 10 年减少 43.31 h($P<0.01$)，以夏季减少最突出，为 −17.59 h/10a($P<0.05$)。

2017 年，西藏平均年日照时数 2 521.0 h，较常年值偏少 214.6 h，创 1961 年以来最低。

图 2.28　1961—2017 年西藏平均年日照时数距平变化

表 2.17　西藏日照时数的变化趋势(h/10a)

时间段(年)	年	春季	夏季	秋季	冬季
1961—2017	−10.33	−2.30	−4.91	−0.39	2.98*
1981—2017	−43.31***	−8.87**	−17.59**	−7.20	3.46

注：*，**，***分别表示通过 0.10,0.05 和 0.01 显著性检验水平。

就西藏平均而言(图 2.29),年日照时数在 10 年际变化尺度上,20 世纪 60 年代偏少,为近 50 年最少的 10 年;70 年代、80 年代转为正距平,且 80 年代是近 50 年来最多的 10 年;90 年代至 21 世纪初又变为负距平,但减幅小于 20 世纪 60 年代。在 30 年际变化尺度上,1981—2010 年平均值与 1961—1990 年、1971—2000 年平均值比较,分别偏少 16.5 h 和 16.8 h。

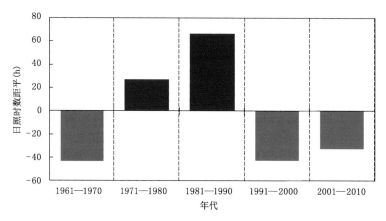

图 2.29 1961—2010 年西藏年日照时数的年代际变化

从西藏年日照时数变化趋势空间分布来看(图 2.30),近 57 年(1961—2017 年)林芝市、泽当、浪卡子、日喀则、江孜、那曲、班戈和索县等地年日照时数表现为减少趋势,为 $-4.53 \sim -73.04$ h/10a,以班戈减幅最大,为 -73.04 h/10a($P < 0.001$),那曲次之,为 -48.87 h/10a($P < 0.001$),江孜减幅最小。其他各站年日照时数呈增加趋势,增幅为 $1.45 \sim 39.86$ h/10a,其中嘉黎增幅最大,为 39.86 h/10a($P < 0.01$);其次是丁青,为 29.60 h/10a($P < 0.05$);帕里增幅最小。

图 2.30 1961—2017 年西藏年日照时数变化趋势空间分布

2.1.5.2 季日照时数

从四季日照时数的变化趋势来看,春季(图 2.31(a))有 6 个站点日照时数呈增加趋势,主要发生在昌都市北部、嘉黎、申扎、拉萨和狮泉河等地,增幅为 2.33～11.90 h/10a,以昌都增幅最大($P<0.05$);其他各站日照时数表现为减少趋势,为 $-0.52\sim-21.88$ h/10a,以班戈减幅最大($P<0.001$),那曲次之,为 -16.18 h/10a($P<0.001$),隆子减幅最小。夏季(图 2.31 (b)),昌都、丁青、嘉黎和拉萨 4 个站日照时数呈增加趋势,为 1.21～3.47 h/10a,以丁青增幅明显;隆子和申扎基本无变化(不足 1.0 h/10a);其他各站表现为减少趋势,为 $-2.89\sim$ -30.54 h/10a,其中班戈减幅最大($P<0.001$),其次为那曲,平均每 10 年减少 14.89 h($P<$ 0.01)。秋季(图 2.31(c)),昌都、丁青、嘉黎、泽当、隆子、申扎、狮泉河和帕里 8 个站日照时数呈增加趋势,为 1.25～14.76 h/10a,以嘉黎增幅最大($P<0.001$);当雄、拉萨、江孜基本无变化(±1.0 h/10a 之内);其他各站呈减少趋势,为 $-2.55\sim-14.90$ h/10a,其中班戈减幅最大($P<0.001$),那曲次之,减少了 8.30 h/10a($P<0.05$)。冬季(图 2.31(d)),那曲、班戈和日喀则 3 个站点日照时数呈减少趋势,为 $-2.73\sim-10.66$ h/10a,其中那曲减幅最大($P<0.01$);波密、浪卡子和江孜基本无变化(±1.0 h/10a 之内);其他各站表现为增加趋势,增幅为 1.23～12.89 h/10a,以昌都增幅最大($P<0.001$),嘉黎次之(11.65 h/10a,$P<0.001$),林芝增幅最小。

图 2.31 1961—2017 年西藏四季日照时数变化趋势空间分布
(a)春季,(b)夏季,(c)秋季,(d)冬季

2.1.6 云量

2.1.6.1 年平均总云量

1961—2017 年,西藏年平均总云量呈显著减少趋势(图 2.32,表 2.18),平均每 10 年减少 0.11 成($P<0.001$),四季均表现为减少趋势,以冬季最明显,为 -0.15 成/10a($P<0.001$)。

近 37 年(1981—2017 年)来,西藏年平均总云量仍趋于减少,主要表现在冬、春两季,平均每 10 年分别减少 0.24 成($P<0.01$)和 0.13 成($P<0.01$)。2017 年,西藏平均总云量 5.3 成,与常年值(5.3 成)持平,属正常年份。

图 2.32　1961—2017 年西藏年平均总云量距平变化

表 2.18　西藏平均总云量的变化趋势(成/10a)

时间段	年	春季	夏季	秋季	冬季
1961—2017	−0.11***	−0.11***	−0.09**	−0.10**	−0.15***
1981—2017	−0.09**	−0.13**	0.02	−0.02	−0.24**

注:*,**,***分别表示通过 0.05,0.01 和 0.001 显著性检验水平。

在 10 年际变化尺度上,20 世纪 60—70 年代西藏平均总云量偏多,80—90 年代总云量正常,进入 21 世纪后,总云量略偏少。

根据对西藏年平均总云量变化趋势空间分布的分析来看(图 2.33),近 57 年(1961—2017 年)西藏各站总云量均表现为减少趋势,为 −0.02～−0.24 成/10a(14 个站 $P<0.05$),其中江孜减幅最大($P<0.001$);其次是索县,为 −0.20 成/10a($P<0.001$);狮泉河减幅最小。

图 2.33　1961—2017 年西藏年平均总云量变化趋势空间分布

2.1.6.2 季平均总云量

从近 57 年(1961—2017 年)四季平均总云量变化趋势的地域分布来看,冬、春两季西藏各站都表现为不同程度的减少趋势(图 2.34(a)(d)),分别为 $-0.04\sim-0.28$ 成/10a(15 个站 $P<0.05$)和 $-0.02\sim-0.31$ 成/10a(10 个站 $P<0.05$),其中冬季以索县减幅最大($P<0.001$),春季以江孜减幅最大($P<0.001$)。夏季(图 2.34(b)),除狮泉河以 0.04 成/10a 的速度呈增多趋势、丁青无变化外,其余各站均为减少趋势,平均每 10 年减少 $0.03\sim0.31$ 成(9 个站 $P<0.05$),仍以江孜减幅最大($P<0.001$)。而秋季(图 2.34(c)),平均总云量也是在狮泉河站表现为增加趋势(0.05 成/10a),隆子站无变化;其余各站均为减少趋势,平均每 10 年减少 $0.05\sim0.19$ 成(8 个站 $P<0.05$),以江孜、申扎减幅最大($P<0.01$)。

图 2.34 1961—2017 年西藏四季平均总云量变化趋势空间分布
(a)春季,(b)夏季,(c)秋季,(d)冬季

2.1.7 蒸发量

2.1.7.1 年蒸发量

1961—2017 年,西藏平均年蒸发皿蒸发量(以下简称蒸发量)呈明显减小趋势(图 2.35,表 2.19),平均每 10 年减少 18.2 mm($P<0.05$),较 1961—2016 年的减幅(-17.5 mm/10a)偏大。四季蒸发量都在减小,尤其是春季,减幅最明显,为 -10.1 mm/10a($P<0.05$)。近 37 年(1981—2017 年)来,西藏年蒸发量减小趋势有所加大,为 -20.7 mm/10a,这主要因为春、夏、秋 3 个季节的蒸发量都在减小引起的,特别是夏季,减幅最为明显,为 -12.4 mm/10a。2017 年,西藏平均年蒸发量 1 773.5 mm,较常年值偏低 177.5 mm。

图 2.35 1961—2017 年西藏年蒸发量距平变化

表 2.19 西藏蒸发量的变化趋势(mm/10a)

时间段(年)	年	春季	夏季	秋季	冬季
1961—2017	−18.2*	−10.1*	−4.7	−2.2	−1.3
1981—2017	−20.7	−9.5	−12.4	−3.9	4.3

注:*,**,*** 分别表示通过 0.05,0.01 和 0.001 显著性检验水平。

西藏年蒸发量在 10 年际变化尺度上(图 2.36),20 世纪 60—80 年代为正距平,90 年代至 21 世纪初为负距平;近 30 年呈明显的逐年代减少趋势。在近 50 年里,20 世纪 60 年代是最高的 10 年,21 世纪初是最少的 10 年。在 30 年际变化尺度上,1981—2010 年平均值较 1961—1990 年、1971—2000 年的平均值分别偏少 42.5 mm 和 19.5 mm,表现出逐 30 年际递减的变化特征。

图 2.36 1961—2010 年西藏年蒸发量的年代际变化

从 1961—2017 年西藏年蒸发量变化趋势空间分布来看(图 2.37),在狮泉河、帕里、拉萨、丁青、昌都和林芝 6 个站上呈增加趋势,增幅为 7.9～17.9 mm/10a,以帕里最大(P<0.05)、丁青最小;索县基本无变化;其他 11 个站点表现为不同程度的减少趋势,平均每 10 年减少 8.6～65.1 mm(7 个站 P<0.05),以浪卡子减幅最明显,为 −65.1 mm/10a(P<0.001);隆子次之,为 −64.2 mm/10a(P<0.001)。

图 2.37 1961—2017 年西藏年蒸发量变化趋势空间分布

2.1.7.2 季蒸发量

就 1961—2017 年西藏四季蒸发量变化趋势空间分布而言,春季蒸发量(图 2.38(a)),狮泉河、帕里、拉萨和林芝 4 个站以 0.8～8.9 mm/10a 的速率呈增加趋势,其中狮泉河增幅最大,林芝次之,为 6.3 mm/10a($P<0.05$);其他各站呈减少趋势,为 −2.1～−29.2 mm/10a(6个站 $P<0.05$),以申扎减幅最大($P<0.001$),那曲次之(−24.3 mm/10a,$P<0.001$),昌都减幅最小。夏季(图 2.38(b)),狮泉河、帕里、拉萨、泽当、林芝、索县和丁青 7 个站蒸发量表现为

图 2.38 1961—2017 年西藏四季蒸发量变化趋势空间分布
(a)春季,(b)夏季,(c)秋季,(d)冬季

增加趋势,增幅为 0.8~14.8 mm/10a(拉萨最大,索县最小);其他各站为减少趋势,平均
每 10 年减少 2.2~30.1 mm(7 个站 $P<0.05$),以隆子减幅最大($P<0.001$),其次是班戈,为
−21.4 mm/10a($P<0.01$),那曲减幅最小。秋季(图 2.38(c)),昌都、丁青、索县、林芝、拉萨
和帕里 6 个站蒸发量为增加趋势,增幅为 1.4~6.5 mm/10a(拉萨最大、丁青最小);其余各站
呈减少趋势,为−1.1~−15.9 mm/10a(浪卡子、那曲和班戈 3 个站 $P<0.05$),以浪卡子最
大、丁青最小。冬季(图 2.38(d)),昌都、丁青、索县、嘉黎、林芝、班戈和帕里 7 个站蒸发量呈
上升趋势,增幅为 3.4~13.3 mm/10a,其中昌都增幅最大($P<0.001$),林芝最小;其他各站表
现为减少趋势,为−1.6~−16.7 mm/10a 的(10 个站 $P<0.05$),以浪卡子减幅最大($P<$
0.05),江孜次之(−13.6 mm/10a,$P<0.01$),狮泉河减幅最小。

2.1.8 相对湿度

2.1.8.1 年平均相对湿度

1961—2017 年,西藏年平均相对湿度呈"减—增—减"的年际变化(图 2.39)。20 世纪 60
年代至 90 年代初,西藏相对湿度偏小;90 年代中期至 21 世纪最初的 6 年相对湿度偏大,之后
相对湿度趋于减小。从线性变化趋势来看,近 57 年(1961—2017 年)西藏年平均相对湿度呈减
小趋势(表 2.20),主要是由于夏、秋两季相对湿度减小引起的,分别为−0.77%/10a($P<0.01$)
和−0.61%/10a($P<0.05$);而近 37 年(1981—2017 年)来,西藏一年四季平均相对湿度均表
现出不同程度的减小趋势。2017 年,西藏年平均相对湿度为 47%,比常年值偏低 5%,仍处在
干燥期。

图 2.39　1961—2017 年西藏年平均相对湿度距平变化

表 2.20　西藏平均相对湿度的变化趋势(%/10a)

时间段(年)	年	春季	夏季	秋季	冬季
1961—2017	−0.19	0.37	−0.77**	−0.61*	0.30
1981—2017	−0.08	−0.02	−0.07	−0.12*	−0.14

注:*,**,*** 分别表示通过 0.05,0.01 和 0.001 显著性检验水平。

根据分析西藏各站年平均相对湿度变化趋势来看(图 2.40),近 57 年(1961—2017 年)申
扎、江孜、隆子和丁青 4 个站年平均相对湿度呈增加趋势,增幅为 0.19%~0.68%/10a,其中
江孜增幅最大($P<0.05$);索县无变化;其他各站表现为不同程度的减小趋势,平均每 10 年减
小 0.07%~1.73%,以拉萨减幅最大($P<0.001$)。

图 2.40 1961—2017 年西藏年平均相对湿度变化趋势空间分布

2.1.8.2 季平均相对湿度

从近 57 年(1961—2017 年)西藏各站四季平均相对湿度变化趋势空间分布来看,春季(图 2.41(a))除狮泉河、拉萨、林芝和波密以 $-0.06\%\sim-0.81\%/10a$ 的速度呈减小趋势外,其他站点均呈一致的增大趋势,平均每 10 年增大 $0.07\%\sim1.35\%$,其中申扎、那曲在 $1.0\%/10a$ 以上。夏季(图 2.41(b)),各站平均相对湿度均呈减小趋势,为 $-0.34\%\sim-2.14\%/10a$,其中拉萨减幅最大($P<0.01$),日喀则和那曲为 $-1.2\%/10a$ 左右($P<0.01$)。秋季(图 2.41

图 2.41 1961—2017 年西藏四季平均相对湿度变化趋势的空间分布
(a)春季,(b)夏季,(c)秋季,(d)冬季

(c))平均相对湿度仅在林芝和丁青2个站为增加趋势,增幅分别0.11%/10a和0.17%/10a;其他各站呈减小趋势,平均每10年减小0.12%~2.50%,以拉萨减幅最大($P<0.001$)。冬季(图2.41(d)),拉萨、泽当、昌都、班戈和嘉黎5个站相对湿度呈减小趋势,为-0.38%~-1.37%/10a,仍以拉萨减幅最大($P<0.001$);日喀则和波密2个站基本无变化;其他站点均趋于增大,增幅为0.03%~2.44%/10a(4个站$P<0.05$),以江孜增幅最大($P<0.001$);其次是申扎,为1.77%/10a($P<0.001$)。

2.1.9 平均风速

2.1.9.1 年平均风速

1961—2017年,西藏年平均风速呈显著减小趋势(图2.42,表2.21),平均每10年减小0.07 m/s($P<0.001$),比全国平均风速减幅(-0.13(m/s)/10a)偏小。西藏平均风速变小主要表现在春季,为-0.11 (m/s)/10a($P<0.001$)。1981—2017年,西藏年平均风速减小明显,为-0.11 (m/s)/10a($P<0.001$),尤其是春季,达-0.21 (m/s)/10a($P<0.001$)。2017年,西藏年平均风速为2.4 m/s,比常年值(2.3 m/s)略大,与2016年持平。

图2.42　1961—2017年西藏年平均风速距平变化

表2.21　西藏平均风速的变化趋势[(m/s)/10a]

时间段(年)	年	春季	夏季	秋季	冬季
1961—2017	-0.07***	-0.11***	-0.05**	-0.06**	-0.07*
1981—2017	-0.11***	-0.21***	-0.11***	-0.08**	-0.09*

注:*,**,***分别表示通过0.05,0.01和0.001显著性检验水平。

通过对西藏年平均风速变化趋势分析(图2.43),结果表明,近57年(1961—2017年)班戈、索县和帕里平均速度呈增加趋势,增幅不大,为0.02~0.06 (m/s)/10a;其他各站呈变小趋势,为-0.02~-0.26 (m/s)/10a(10个站$P<0.05$),其中泽当减幅最大($P<0.001$),狮泉河次之,为-0.18 (m/s)/10a($P<0.001$)。

2.1.9.2 季平均风速

从近57年(1961—2017年)西藏各站四季平均风速变化趋势来看,春季(图2.44(a))只有帕里为增加趋势,增幅为0.06 (m/s)/10a;索县平均风速基本无变化;其他各站呈不同程度的

图 2.43　1961—2017 年西藏年平均风速变化趋势空间分布

图 2.44　1961—2017 年西藏四季平均风速变化趋势空间分布
(a)春季,(b)夏季,(c)秋季,(d)冬季

减小趋势,为 $-0.02\sim-0.37$ (m/s)/10a(11 个站 $P<0.05$),以泽当减幅最大($P<0.001$),其次是那曲,为 -0.24 (m/s)/10a($P<0.001$)。夏季(图 2.44(b))仅帕里平均风速呈增加趋势,为 0.07 (m/s)/10a;拉萨、日喀则、班戈和索县 4 个站基本无变化;其他各站表现为减少趋势,平均每 10 年减少 $0.03\sim0.22$ m/s(9 个站 $P<0.05$),以泽当减幅最大($P<0.001$)。秋季(图 2.44(c)),帕里、班戈和索县为增加趋势,增幅为 $0.03\sim0.05$ (m/s)/10a(帕里、索县增幅最大);日喀则无变化;其他各站以每 10 年减小 $0.02\sim0.24$ m/s 的速度递减(10 个站 $P<$

0.05),仍以泽当减幅最大($P<0.001$)。冬季(图 2.44(d)),平均风速趋于增加的站点分布在帕里、班戈和索县 3 个站,增幅为 0.06~0.09 (m/s)/10a,以班戈增幅最大;昌都无变化;其他各站为减少趋势,为 -0.02~-0.25 (m/s)/10a(9 个站 $P<0.05$),以狮泉河和浪卡子减幅最大($P<0.001$),其次是那曲,为 -0.20(m/s)/10a($P<0.001$)。

2.1.10 积温

2.1.10.1 ≥0 ℃初日

1961—2017 年西藏≥0 ℃初日呈显著提早趋势,平均每 10 年提早 2.6 d($P<0.001$,图 2.45(a)),特别是近 37 年(1981—2017 年),每 10 年提早了 5.0 d($P<0.001$);在不同海拔高度上,初日均表现为提早趋势。其中,海拔 4 500 m 以上地区提早趋势最为明显(图 2.45 (b)),平均每 10 年提早 4.8 d($P<0.001$),近 37 年提早更明显,平均每 10 年提早 10.1 d;海拔 3 200~4 500 m 的中等海拔地区提早趋势为 1.9 d/10a($P<0.001$,图 2.45(c));海拔 3 200 m 以下地区提早趋势也明显(图 2.45(d)),平均每 10 年提早 4.3 d($P<0.001$)。

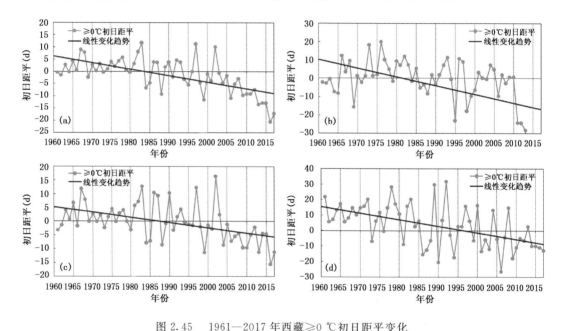

图 2.45 1961—2017 年西藏≥0 ℃初日距平变化

(a)全区,(b)海拔 4 500 m 以上地区,(c)海拔 3 200~4 500 m 地区,(d)海拔 3 200 m 以下地区

2017 年,西藏平均≥0 ℃初日为 3 月 13 日,较常年值提早 17 d,是 1961 年以来第二早年份,仅次于 2016 年(3 月 10 日)。其中,海拔 4 500 m 以上地区≥0 ℃初日为 4 月 22 日,较常年偏早 41 d;海拔 3 200~4 500 m 的中等海拔地区≥0 ℃初日为 3 月 13 日,较常年偏早 11 d;海拔 3 200 m 以下地区≥0 ℃初日为 1 月 14 日,较常年偏早 13 d。

从近 57 年(1961—2017 年)西藏≥0 ℃初日变化趋势空间分布来看(图 2.46),除嘉黎、隆子、帕里基本无变化外,其他各站≥0 ℃初日均表现为一致的提早趋势,平均每 10 年提早了 0.7~8.0 d(12 个站点 $P<0.05$),以泽当提早的最多,其次是申扎,为 -5.5 d/10a($P<0.001$)。

图 2.46　1961—2017 年西藏≥0 ℃初日变化趋势空间分布

2.1.10.2　≥0 ℃终日

1961—2017 年西藏≥0℃终日表现为显著的推迟趋势,平均每 10 年推迟 2.3 d($P<$
0.001,图 2.47(a))。近 37 年(1981—2017 年)推迟更明显,平均每 10 年推迟了 4.2 d($P<$
0.001);在不同海拔高度上,≥0 ℃终日都表现为推迟趋势。其中,海拔 4 500 m 以上地区推
迟最为明显(图 2.47(b)),平均每 10 年推迟 4.2 d($P<0.001$);海拔 3 200~4 500 m 的中等海
拔地区每 10 年推迟 1.8 d($P<0.001$,图 2.47(c));海拔 3 200 m 以下地区推迟幅度不及上述
两个地区,平均每 10 年推迟 2.7 d($P<0.001$,图 2.47(d))。这表明,≥0 ℃终日高海拔地区
比低海拔地区推迟的幅度要大。

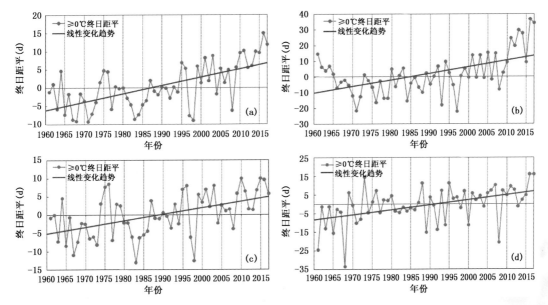

图 2.47　1961—2017 年西藏≥0 ℃终日距平变化
(a)全区,(b)海拔 4 500m 以上地区,(c)海拔 3 200~4 500 m 地区,(d)海拔 3 200 m 以下地区

2017年,西藏平均≥0 ℃终日为11月12日,较常年值偏晚12 d,是1961年以来第二晚年份,仅次于2016年(11月15日)。其中,海拔4 500 m以上地区≥0 ℃终日为10月23日,较常年偏晚34 d;海拔3 200～4 500 m的中等海拔地区≥0 ℃终日为11月10日,较常年偏晚6 d;海拔3 200 m以下地区≥0 ℃终日为12月31日,较常年偏晚16 d。

从近57年西藏≥0 ℃终日变化趋势空间分布来看(图2.48),浪卡子为略有提早趋势(-1.2 d/10a),嘉黎和隆子基本无变化,其他各站≥0 ℃终日都呈推迟趋势,平均每10年推迟1.1～5.9 d(11个站点 $P<0.05$),仍以泽当推迟的最多,其次是那曲,为5.5 d/10a($P<0.001$)。

图2.48　1961—2017年西藏≥0 ℃终日变化趋势空间分布

2.1.10.3　≥0 ℃间隔日数

1961—2017年西藏≥0 ℃间隔日数呈显著延长趋势,平均每10年延长4.9 d($P<0.001$,图2.49(a)),尤其是近37年(1981—2017年)每10年延长了9.2 d($P<0.001$);在不同海拔高度上,≥0 ℃间隔日数均呈显著的延长特征。其中,海拔4 500 m以上地区延长趋势最为明显(图2.49(b)),平均每10年延长8.9 d($P<0.001$);海拔3 200～4 500 m的中等海拔地区延长率为3.7 d/10a($P<0.001$,图2.49(c));海拔3 200 m以下地区平均每10年延长了6.9 d($P<0.001$,图2.49(d))。

2017年,西藏平均≥0 ℃间隔日数为244 d,较常年值延长了28 d,是1961年以来第二长年份,仅次于2016年(250 d)。其中,海拔4 500 m以上地区≥0 ℃间隔日数为184 d,较常年偏长75 d;海拔3 200～4 500 m的中等海拔地区≥0 ℃间隔日数为242 d,较常年偏长17 d;海拔3 200 m以下地区≥0 ℃间隔日数为351 d,较常年偏长29 d。

从1961—2017年西藏≥0 ℃间隔日数变化趋势空间分布来看(图2.50),嘉黎、隆子、浪卡子、帕里基本无变化,其他各站≥0 ℃间隔日数均呈现为延长趋势特征,平均每10年延长2.6～13.9 d(66%的站点 $P<0.05$),其中泽当延长最多($P<0.001$),其次是那曲,为10.0 d/10a($P<0.001$)。林芝市延长率为5.3～8.6 d/10a,昌都市北部延长率为3.8～4.3 d/10a,那曲市延长率为3.9～10.0 d/10a,沿雅鲁藏布江一线延长率为2.6～13.9 d/10a。近37年(1981—2017年),除隆子无变化外,其他各站≥0 ℃间隔日数显著延长,延长率为1.3～

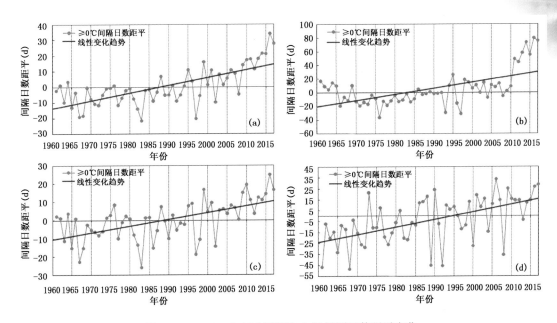

图 2.49　1961—2017 年西藏≥0 ℃间隔日数距平变化

(a)全区,(b)海拔 4 500 m 以上地区,(c)海拔 3 200~4 500 m 地区,(d)海拔 3 200 m 以下地区

图 2.50　1961—2017 年西藏≥0 ℃间隔日数变化趋势空间分布

25.7 d/10a,仍以泽当延长的最多($P<0.001$),其次是班戈,为 20.0 d/10a($P<0.001$);那曲市中西部、拉萨、泽当、江孜和波密延长率在 10.0 d/10a 以上。

2.1.10.4　≥0 ℃积温

1961—2017 年西藏≥0 ℃活动积温呈明显增加趋势(图 2.51(a)),平均每 10 年增加 61.7 ℃·d,尤其是近 37 年(1981—2017 年),增幅达 85.7 ℃·d/10a;在不同海拔高度上,增加特征趋同存异。其中,海拔 4 500 m 以上地区平均每 10 年增加 50.8 ℃·d(图 2.51(b));海拔 3 200~4 500 m 的中等海拔地区增幅为 59.1 ℃·d/10a(图 2.51(c));海拔 3 200 m 以下地区增加幅度最明显,为 93.4 ℃·d/10a(图 2.51(d))。这表明,≥0 ℃积温的增幅在低海拔地区比高海拔地区明显。

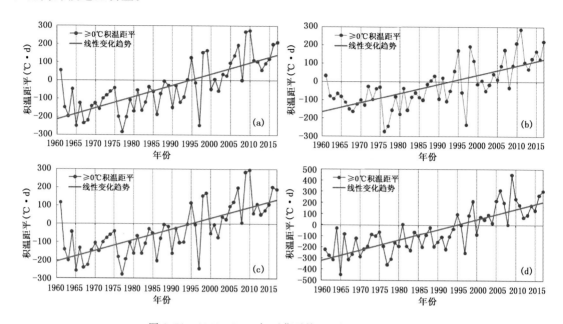

图 2.51　1961—2017 年西藏平均≥0 ℃积温距平变化

(a)全区,(b)海拔 4 500 m 以上地区,(c)海拔 3 200～4 500 m 地区,(d)海拔 3 200 m 以下地区

　　2017 年,西藏平均≥0 ℃活动积温为 2 285.9 ℃·d,较常年值偏高 206.7 ℃·d,是 1961 年以来第三高值年份。其中,海拔 4 500 m 以上地区≥0 ℃活动积温为 1 398.9 ℃·d,较常年值偏高 220.4 ℃·d;海拔 3 200～4 500 m 的中等海拔地区≥0 ℃活动积温为 2 286.5 ℃·d,较常年值偏高 188.5 ℃·d;海拔 3 200 m 以下地区≥0 ℃活动积温为 3 613.0 ℃·d,较常年值偏高 305.3 ℃·d。

　　从近 57 年(1961—2017 年)西藏≥0 ℃积温变化趋势空间分布来看(图 2.52),各站均表现为增加趋势,增幅为 13.2～150.3℃·d/10a(17 个站点 $P<0.01$),以拉萨增幅最大,其次是

图 2.52　1961—2017 年西藏≥0 ℃积温变化趋势空间分布

泽当,为97.4 ℃·d/10a。其中,增幅大于50.0 ℃·d/10a的地区主要分布在沿雅鲁藏布江一线、林芝市、阿里地区西部和那曲市中东部。近37年(1981—2017年)各站≥0 ℃积温增加的更明显,增幅为36.0~189.1 ℃·d/10a(所有站点P<0.01,14个站点P<0.001),其中狮泉河、日喀则、拉萨、林芝和波密增幅在110.0 ℃·d/10a以上,拉萨达到189.1 ℃·d/10a。

2.2　极端气候事件指数

气候变化的影响多通过极端气候事件反映出来,而极端气候与气候平均状态的变化存在差异,这决定了极端气候事件具有独特的研究价值。不断变化的气候可导致极端天气和气候事件的发生频率、强度、空间范围和持续时间发生变化,并能导致前所未有的极端天气和气候事件。气温和降水作为最基本的气象要素,其极值的变化情况直接影响到自然系统,而高温热浪、致洪暴雨等灾害性极端气温或降水事件更是直接影响到人类社会的生产生活各个方面,所以研究极端气温和极端降水具有重要的理论和实际意义。极端气候事件指数是描述极端事件的重要指标,本公报利用WMO定义的极端气候指数(Peterson et al,2001),通过RClimDex软件计算了西藏20个极端气候指数,以揭示其近57年的变化规律,力求为当地应对气候变化、防灾减灾提供参考,为评估未来气候变化的影响提供基础资料。

2.2.1　极端最高气温和最低气温

1961—2017年,西藏年极端最高气温(图2.53(a))和极端最低气温(图2.53(b))均呈明显升高趋势,平均每10年分别升高0.21 ℃(P<0.001)和0.66 ℃(P<0.001)。

2017年,西藏极端最高气温出现在昌都,为30.6 ℃;极端最低气温出现在那曲,为−24.5 ℃。其中,2月18日和19日普兰、芒康日最高气温分别超历史同期极大值;4月18日改则、普兰、聂拉木和错那4个站日最高气温超历史同期极大值;6月6日昌都日最低气温创历史同期最低;10月6日芒康日最高气温超过历史同期最高值;12月上旬,班戈、那曲等24站次日最高气温超过或持平历史同期极大值。

图2.53　1961—2017年西藏极端最高气温(a)和极端最低气温(b)变化

根据1961—2017年极端最高气温和最低气温变化趋势空间分布分析发现,极端最高气温(图2.54(a))除帕里呈弱的下降趋势(−0.02 ℃/10a)、隆子无变化外,其他各站均呈升高趋势,升幅为0.03~0.47 ℃/10a(10个站 P<0.05),升幅以拉萨最大(P<0.001)、班戈最小。极端最低气温在所有站上都表现为升高趋势(图2.54(b)),平均每10年升高0.02~1.54 ℃

(15个站 $P<0.05$),其中那曲升幅最大($P<0.001$),其次是班戈,为 1.51 ℃/10a($P<0.01$),林芝升温幅度最小。

图 2.54　1961—2017年西藏极端最高气温(a)和极端最低气温(b)变化趋势空间分布

2.2.2　最高气温极小值和最低气温极大值

1961—2017年,西藏年最高气温极小值(图 2.55(a))和最低气温极大值(图 2.55(b))都表现为明显升高趋势,平均每10年分别升高 0.27 ℃($P<0.05$)和 0.28 ℃($P<0.001$)。近37年,西藏年最高气温极小值和最低气温极大值升温幅度更明显,升温率分别为 0.54 ℃/10a($P<0.05$)和 0.39 ℃/10a($P<0.001$)。

2017年,西藏最高气温极小值为 −2.4 ℃,较常年值(−4.4 ℃)偏高 2.0 ℃,为 1961 年以来与 2001 年、2010 年并列第二高值年份,仅次于 2006 年(−1.5 ℃);最低气温极大值为 11.7 ℃,较常年值(10.9 ℃)偏高 0.8 ℃,为 1961 年以来并列第四高值年份。

图 2.55　1961—2017年西藏最高气温极小值(a)和最低气温极大值(b)变化

从线性变化趋势空间分布来看,近57年(1961—2017 年)年最高气温极小值(图 2.56(a))在嘉黎站表现为降低趋势,为 −0.11 ℃/10a;其余各站都呈上升趋势,升幅为 0.04~0.75 ℃/10a(9 个站 $P<0.05$),以那曲升幅最大($P<0.01$)。年最低气温极大值在所有站上均表现为升高趋势(图 2.56(b)),升幅为 0.08~0.72 ℃/10a(除嘉黎外,各站 $P<0.05$),以拉萨升幅最大($P<0.001$),狮泉河次之(0.41 ℃/10a,$P<0.001$),嘉黎最小。

图 2.56　1961—2017 年西藏最高气温极小值(a)和最低气温极大值(b)变化趋势空间分布

2.2.3　暖昼日数和冷昼日数

1961—2017 年,西藏年暖昼日数呈显著增加趋势(图 2.57(a)),增幅为 6.4 d/10a($P <$ 0.001),近 27 年(1991—2017)增幅高达 14.7 d/10a($P < 0.01$);而年冷昼日数呈明显减少趋势(图 2.57(b)),平均每 10 年减少 6.1 d($P < 0.001$),近 27 年尤为明显,为 -10.6 d/10a($P <$ 0.001)。

2017 年,西藏年暖昼日数为 75.6 d,较常年值(41.5 d)偏多 34.1 d,为 1961 年以来第二多年份,仅次于 2009 年(42.6 d);年冷昼日数为 18.4 d,较常年值(35.0 d)偏少 16.6 d,为 1961 年以来第四少年份。

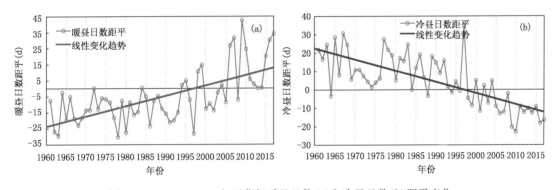

图 2.57　1961—2017 年西藏年暖昼日数(a)和冷昼日数(b)距平变化

从 1961—2017 年西藏年暖昼日数和冷昼日数变化趋势空间分布来看,所有站的年暖昼日数均呈增加趋势(图 2.58(a)),增幅为 0.8~10.8 d/10a(除嘉黎外,各站 $P < 0.01$),以拉萨增幅最大($P < 0.001$),泽当次之(8.6 d/10a,$P < 0.001$),嘉黎增幅最小。而年冷昼日数在各站上都表现为减少趋势(图 2.58(b)),为 -2.3~-10.2 d/10a(除嘉黎外,各站 $P < 0.05$),以拉萨减幅最大($P < 0.001$),日喀则次之(-9.8 d/10a,$P < 0.001$),嘉黎减幅最小。近 27 年(1991—2017 年),年暖昼日数增加趋势更明显,增幅为 8.1~19.1 d/10a(所有站 $P < 0.05$),增幅以拉萨最大、帕里最小;年冷昼日数减少趋势也更突出,为 -6.8~-16.6 d/10a(所有站 $P < 0.05$),减幅以当雄最大、昌都最小。

图 2.58　1961—2017 年西藏年暖昼日数(a)和冷昼日数(b)变化趋势空间分布

2.2.4　暖夜日数和冷夜日数

1961—2017 年,西藏年暖夜日数表现出显著的增加趋势(图 2.59(a)),增幅为 9.4 d/10a($P<0.001$),近 27 年(1991—2017)增幅更为明显,达 17.2 d/10a($P<0.001$);而年冷夜日数呈明显减少趋势(图 2.59(b)),平均每 10 年减少 11.2 d($P<0.001$),不过近 27 年减幅有所变小,为－10.4 d/10a($P<0.001$)。

2017 年,西藏年暖夜日数为 73.3 d,较常年值(41.5 d)偏多 31.8 d,为 1961 年以来第四多值年份;年冷夜日数为 16.8 d,较常年值(35.0 d)偏少 18.2 d,为 1961 年以来第三少值年份。

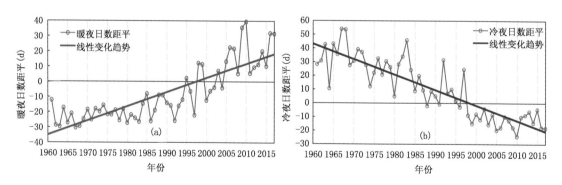

图 2.59　1961—2017 年西藏年暖夜日数(a)和冷夜日数(b)距平变化

根据近 57 年(1961—2017 年)西藏年暖夜日数和冷夜日数变化趋势空间分布分析,各站年暖夜日数呈显著增加趋势(图 2.60(a)),增幅为 5.5~14.6 d/10a(各站 $P<0.001$),以拉萨增幅最大($P<0.001$,尤其是近 27 年(1991—2017 年)增幅更明显,为 26.5 d/10a),波密次之(13.7 d/10a,$P<0.001$;近 27 年增幅为 33.9 d/10a),嘉黎增幅最小(其中,近 27 年增幅达到 16.4 d/10a)。而近 57 年来,年冷夜日数在所有站上都表现为一致的减少趋势(图 2.60(b)),平均每 10 年减少 0.8~23.3 d(除隆子未通过显著性检验外,其余各站 $P<0.001$),以拉萨减幅最大($P<0.001$),其次是那曲(－19.8 d/10a,$P<0.001$),隆子减幅最小。

图 2.60 1961—2017 年西藏年暖夜日数(a)和冷夜日数(b)变化趋势空间分布

2.2.5 霜冻日数和结冰日数

1961—2017 年,西藏平均年霜冻日数(图 2.61(a))、结冰日数(图 2.61(b))均表现为显著减少趋势,平均每 10 年分别减少 4.8 d($P<0.001$)和 3.0 d($P<0.001$);近 27 年(1991—2017 年)霜冻日数和结冰日数的减少幅度更大,分别达到−6.8 d/10a($P<0.001$)和−7.2 d/10a($P<0.001$)。

2017 年,西藏平均年霜冻日为 186.2 d,较常年值(200.0 d)偏少 13.8 d,为 1961 年以来第四少值年份;平均年结冰日数为 20.9 d,较常年值(29.9 d)偏少 9.0 d,为 1961 年以来第五少值年份。

图 2.61 1961—2017 年西藏年霜冻日数(a)和结冰日数(b)距平变化

从 1961—2017 年西藏年霜冻日数和结冰日数变化趋势空间分布来看,年霜冻日数在各站上都表现为减少趋势(图 2.62(a)),平均每 10 年减少 1.6~9.5 d(所有站 $P<0.01$),以拉萨减

图 2.62 1961—2017 年西藏霜冻日数(a)和结冰日数(b)变化趋势空间分布

幅最大($P<0.001$),那曲次之(-8.6 d/10a,$P<0.001$),隆子减幅最小。年结冰日数(图2.62(b))在林芝、波密、泽当和昌都4个站上基本无变化;其他各站均表现为减少趋势,为$-0.2\sim$ -7.0 d/10a(10个站$P<0.05$),以班戈减幅最大($P<0.001$),申扎次之(-6.3 d/10a,$P<0.001$),拉萨减幅最小。近27年(1991—2017年),绝大部分站点年霜冻日数减少趋势明显,为 $-4.6\sim-12.5$ d(15个站$P<0.05$),其中那曲减幅最大($P<0.001$),浪卡子次之(-8.6 d/10a,$P<0.001$)。年结冰日数在海拔4 000m以下地区基本无变化,其他各站减少趋势更明显,为$-5.4\sim$ -16.4 d/10a(10个站$P<0.05$),以索县减幅最大;其中,那曲市均在-13.0 d/10a以上。

2.2.6 生长季长度

1961—2017年,西藏平均年生长季长度呈明显延长趋势(图2.63),平均每10年延长4.2 d ($P<0.001$),尤其是近37年(1981—2017年)生长季长度延长趋势明显,为5.8 d/10a。

2017年,西藏平均年生长季长度为207.9 d,较常年值(191.0 d)偏多16.9 d,是1961年以来第二长值年份,仅次于2009年(210.4 d)。

图2.63 1961—2017年西藏年生长季长度距平变化

从近57年(1961—2017年)西藏年生长季长度变化趋势空间分布(图2.64)来看,除嘉黎基本无变化外,其他各地均呈延长趋势,平均每10年延长了1.2~12.4 d(15个站$P<0.05$),

图2.64 1961—2017年西藏年生长季长度变化趋势空间分布

以拉萨延长幅度最大($P<0.001$),其次是泽当(10.7 d/10a,$P<0.001$),帕里最小。近27年(1991—2017年),日喀则、隆子、浪卡子和索县4个站年生长季长度表现为弱的缩短趋势,平均每10年缩短0.5~1.4 d(日喀则缩短最多);其他大部分站点年生长季长度仍趋于延长,平均每10年延长3.2~11.0 d,以狮泉河最大($P<0.001$),林芝次之,为10.7 d/10a($P<0.10$)。

2.2.7 1日最大降水量和连续5日最大降水量

1961—2017年,西藏1日最大降水量(图2.65(a))和连续5日最大降水量(图2.65(b))都表现为较弱的增加趋势,增幅分别为0.32 mm/10a和0.25 mm/10a。近27年(1991—2017年)两者增幅明显,平均每10年分别增加1.28 mm($P<0.10$)和1.93 mm。

2017年,西藏平均1日最大降水量为31.6 mm,比常年值(27.7 mm)偏多3.9 mm。西藏平均连续5日最大降水量为70.5 mm,比常年值(59.3 mm)偏多11.2 mm。其中,拉萨站6月22日降水量达50.5 mm,创有气象记录以来1日最大降水量。墨竹工卡7月7日降水量为43.7 mm,错那7月11日降水量为28.5 mm,1日最大降水量均超同期月内1日最大降水量。

图2.65 1961—2017年西藏1日最大降水量(a)和连续5日最大降水量(b)距平变化

从1961—2017年西藏1日最大降水量和连续5日最大降水量变化趋势空间分布来看,72%站点的1日最大降水量为增加趋势(图2.66(a)),增幅为0.03~1.50 mm/10a,以帕里增幅最大;其余各站均趋于减少,平均每10年减少0.57~1.40 mm/10a,以当雄减幅最大($P<0.05$)。50%站点的连续5日最大降水量呈增加趋势(图2.66(b)),增幅为0.01~3.54 mm/10a(申扎和隆子$P<0.05$),以波密增幅最大;其余各站均为减少趋势,为-0.07~-1.99 mm/10a,其中丁青减幅最大。

图2.66 1961—2017年西藏1日最大降水量(a)和连续5日最大降水量(b)变化趋势空间分布

2.2.8 降水强度

1961—2017 年,西藏平均年降水强度呈弱的增加趋势(图 2.67),平均每 10 年增大 0.04 mm/d;近 27 年(1991—2017 年)降水强度增大趋势明显,为 0.10(mm/d)/10a。2017 年,西藏降水强度为 6.44 mm/d,比常年值(5.83 mm/d)偏大 0.61 mm/d,是 1961 年以来的第三强降水量年。其中,拉萨降水强度最大,为 10.7 mm/d;其次是波密,为 7.6 mm/d。

图 2.67 1961—2017 年西藏年降水强度距平变化

从 1961—2017 年西藏年降水强度变化趋势空间分布来看(图 2.68),67% 站点的降水强度趋于增大,平均每 10 年增大 0.01~0.24 mm/d,其中波密增幅最显著(P<0.01)。其余各地降水强度均表现为减小趋势,为 −0.01~−0.17 (mm/d)/10a,以当雄减幅最大(P<0.01)。

图 2.68 1961—2017 年西藏年降水强度变化趋势空间分布

2.2.9 中雨日数和大雨日数

1961—2017 年,西藏平均年中雨日数呈增加趋势(图 2.69(a)),增幅为 0.34 d/10a(P<0.05);年大雨日数为弱的增加趋势(图 2.69(b)),为 0.05 d/10a。

2017年,西藏平均年中雨日数为15.8 d,较常年值(13.1 d)偏多2.7 d,为1961年以来并列第三多值年份;平均年大雨日数为3.6 d,较常年值(2.6 d)偏多1.0 d,是1961年以来并列第五多值年份。

图2.69 1961—2017年西藏年中雨日数(a)和年大雨日数(b)距平变化

在变化趋势空间分布上,近57年(1961—2017年)67%站点的年中雨日数趋于增多(图2.70(a)),增幅为0.18~2.05 d/10a,以波密最大($P<0.001$);其余各站年中雨日数均表现为减少趋势,平均每10年减少0.02~0.74 d,其中当雄减幅最大。年大雨日数(图2.70(b))在61%的站点上表现为增多趋势,增幅为0.01~0.53 d/10a,仍以波密最大($P<0.05$);其他各地均呈减少趋势,但减幅不大,为−0.02~−0.24 d/10a,其中丁青减幅最大。

图2.70 1961—2017年西藏年中雨日数(a)和年大雨日数(b)变化趋势空间分布

2.2.10 连续干旱日数和连续湿润日数

1961—2017年,西藏年连续干旱日数呈显著减少趋势(图2.71(a)),平均每10年减少2.98 d($P<0.05$);年连续湿润日数呈弱的增加趋势(图2.71(b)),增幅为0.04 d/10a。但近27年(1991—2017年)西藏年连续干旱日数表现为增加趋势,增幅为5.38 d/10a($P<0.10$);年连续湿润日数趋于减少,为−0.33 d/10a。

2017年,西藏平均年连续干旱日数为118.0 d,较常年值偏多14.0 d,为1962年以来第十七多值年份;年连续湿润日数为8.8 d,较常年值偏多0.3 d。

在变化趋势空间分布上,近57年(1961—2017年)78%的站点年连续干旱日数呈减少趋势(图2.72(a)),平均每10年减少0.14~8.99 d,以申扎减幅最大($P<0.01$),其次是当雄,为

图 2.71　1961—2017 年西藏年连续干旱日数(a)和年连续湿润日数(b)距平变化

图 2.72　1961—2017 年西藏年连续干旱日数(a)和年连续湿润日数(b)变化趋势空间分布

−6.71 d/10a($P<0.01$);其余各地均表现为增加趋势,增幅为 0.17~1.70 d/10a,以狮泉河增幅最大。年连续湿润日数(图 2.72(b))在 61%的站点上表现为增加趋势,增幅为 0.02~0.55 d/10a,其中嘉黎增幅最大($P<0.01$);其他各站均呈现出减少的变化特征,为−0.07~−0.41 d/10a,以帕里减幅最大。而近 27 年(1991—2017 年)相反,有 78%的站点年连续干旱日数趋于增加,增幅为 0.06~16.94 d/10a,以那曲增幅最大,索县次之,为 16.71 d/10a($P<0.01$);有 78%的站点年连续湿润日数呈减少趋势,为−0.04~−1.80 d/10a,以林芝减幅最大,波密次之,为−1.50 d/10a($P<0.01$),江孜最小。

2.2.11　强降水量和极强降水量

1961—2017 年,西藏平均年强降水量(图 2.73(a))和年极强降水量(图 2.73(b))都表现为增加趋势,增幅分别为 2.31 mm/10a 和 1.18 mm/10a。近 27 年(1991—2017 年)来,西藏平均年强降水量和极强降水量增加趋势更为明显,平均每 10 年分别增加了 7.02 mm 和 5.33 mm($P<0.10$)。

2017 年,西藏平均年强降水量为 124.7 mm,较常年值偏多 37.6 mm,为 1961 年以来第三多值年份;平均年极强降水量为 48.4 mm,较常年值偏多 23.3 mm,是 1961 年以来第二多值年份,仅次于 2015 年(50.4 mm)。

从变化趋势空间分布上来看,有 78%的站点年强降水量趋于增多(图 2.74(a)),增幅为 1.04~13.57 mm/10a,以波密增幅最大,申扎次之(7.62 mm/10a,$P<0.05$);其余 4 个站均呈

减少趋势,平均每 10 年减少 1.94~6.57 mm,其中丁青减幅最大。年极强降水量(图 2.74 (b))在 67% 的站点上表现为增多,增幅为 0.19~7.66 mm/10a,以林芝增幅大($P<0.05$),拉萨次之(6.02 mm/10a,$P<0.05$);其他 6 个站均呈现出减少趋势,平均每 10 年减少 0.88~4.52 mm(丁青最大,嘉黎最小)。

图 2.73　1961—2017 年西藏年强降水量(a)和年极强降水量(b)距平变化

图 2.74　1961—2017 年西藏年强降水量(a)和年极强降水量(b)变化趋势空间分布

2.3　天气现象

2.3.1　霜

1961—2017 年,西藏平均年霜日数呈明显增加趋势(图 2.75),平均每 10 年增加 6.55 d($P<0.001$)。20 世纪 60—70 年代霜日数偏少,80—90 年代霜日数偏多,进入 21 世纪后以振荡减少为其年际变化特征。近 27 年(1991—2017 年)年霜日数表现为显著的减少趋势,为 -10.07 d/10a($P<0.001$)。

2017 年,西藏平均年霜日数为 99 d,较常年值(127 d)偏少 28 d,为 1981 年以来的最少值年份。

根据 1961—2017 年西藏年霜日数变化趋势空间分布(图 2.76)来看,狮泉河、班戈、拉萨、索县和帕里 5 个站年霜日数均表现为减少趋势,为 -0.89~-20.98 d/10a,以拉萨减幅最大($P<0.001$),班戈次之(-10.09 d/10a,$P<0.001$),帕里减幅最小。其他各站年霜日数均呈增加趋势,增幅为 0.09~22.72 d/10a(10 个站 $P<0.05$),以当雄增幅最大($P<0.001$),其次

2017年
西藏气候变化监测公报
Tibet Climate Change Monitoring Bulletin

是隆子(22.28 d/10a,$P<0.001$),日喀则增幅最小。近27年,年霜日数仅在狮泉河、申扎、隆子和林芝4个站上表现为增加趋势,增幅为0.21~14.27 d/10a,以申扎增幅最大($P<0.01$);其他各站均呈减少趋势,为-1.65~-37.39 d/10a,以帕里减幅最大($P<0.001$),日喀则次之,为-25.20 d/10a($P<0.001$)。

图2.75 1961—2017年西藏平均年霜日数变化

图2.76 1961—2017年西藏年霜日数变化趋势空间分布

2.3.2 冰雹

1961—2017年,西藏平均年冰雹日数呈明显减少趋势(图2.77),平均每10年减少1.99 d($P<0.001$),特别是近27年(1991—2017年)减幅更为明显,为-3.03 d/10a($P<0.001$)。20世纪60年代中期至80年代初为西藏冰雹高发期,以70年代最多;90年代以来明显减少。

2017年,西藏平均年冰雹日数为3.3 d,较常年值(10.7 d)偏少7.4 d,创1961年以来最少。

从近57年(1961—2017年)西藏年冰雹日数变化趋势空间分布(图2.78)来看,各站年冰雹日数均表现为减少趋势,为-0.19~-5.14 d/10a,以申扎减幅最大($P<0.001$),浪卡子次之(-4.02 d/10a,$P<0.001$),波密减幅最小。近27年(1991—2017年)大部分站点年冰雹日数减少趋势更为明显,其中班戈为-11.24 d/10a($P<0.001$),申扎为-9.55 d/10a($P<0.001$)。

图 2.77 1961—2017 年西藏平均年冰雹日数变化

图 2.78 1961—2017 年西藏年冰雹日数变化趋势空间分布

2.3.3 大风

1965—2017 年,西藏平均年大风日数呈明显减少趋势(图 2.79),平均每 10 年减少 9.91 d($P<0.001$)。20 世纪 60 年代中后期至 80 年代为西藏大风多发期,90 年代以来明显减少。

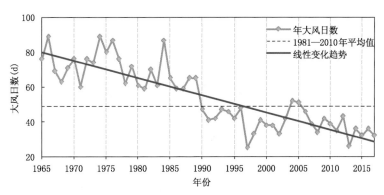

图 2.79 1965—2017 年西藏平均年大风日数变化

2017年,西藏平均年大风日数为32 d,较常年值(49 d)偏少17 d,为1965年以来并列第三少值年份。

根据近53年(1965—2017年)西藏年大风日数变化趋势空间分布(图2.80)来看,年大风日数在班戈、申扎、索县和帕里4个站上均表现为增加趋势,增幅为1.63~10.11 d/10a,其中索县增幅最大($P<0.001$),帕里次之(5.76 d/10a,$P<0.01$),申扎增幅最小(但近27年(1991—2017年)大风日数增幅明显,为14.50 d/10a,$P<0.01$);其他各站年大风日数均呈减少趋势,平均每10年减少0.26~30.29 d/10a,以狮泉河减幅最大(−30.29 d/10a,$P<0.001$),其次是泽当(−28.91 d/10a,$P<0.001$),波密减幅最小。

图2.80　1965—2017年西藏年大风日数变化趋势空间分布

2.3.4　沙尘暴

1961—2017年,西藏年沙尘暴日数呈显著减少趋势(图2.81),平均每10年减少1.27 d($P<0.001$)。20世纪70年代中期至80年代初为沙尘暴频发期,90年代初以后明显减少,尤其是2004年以来减少的更为明显,最多有1~2 d,其中2014—2017年连续4年没有出现过沙尘暴。

图2.81　1961—2017年西藏年沙尘暴日数变化

从西藏年沙尘暴日数变化趋势空间分布(图 2.82)上来看,近 57 年(1961—2017 年)各站均表现为减少趋势,其中林芝市、那曲市东部和丁青减幅较小,不足 0.10 d/10a;其他各站平均每 10 年减少 0.44～4.31 d,以申扎减幅最大(4.31 d/10a,$P<0.001$),泽当次之(-4.30 d/10a,$P<0.01$),当雄减幅最小。

图 2.82　1961—2017 年西藏年沙尘暴日数变化趋势空间分布

第3章 西藏自治区冰冻圈的变化

冰冻圈是指水分以冻结状态(雪和冰)存在的地球表层的一部分,它由雪盖、冰盖、冰川、多年冻土及浮冰(海冰、湖冰和河冰)组成。冰冻圈以高反照率、高冷储、巨大相变潜热、强大的冷水大洋驱动,以及显著的温室气体源汇作用而对全球和区域气候系统施加着强烈的反馈作用,是气候系统五大圈层之一。

冰冻圈由于对气候的高度敏感性和重要的反馈作用,是影响全球和区域气候变化的重要因子,也是对全球气候变化最为敏感的一个圈层。青藏高原是中国冰冻圈分布最广的区域,冰冻圈面积达 160×10^4 km²,占中国冰冻圈总面积的70%。受气候变化和人类活动的影响,冰冻圈变化的气候效应、环境效应、资源效应、生态效应、灾害效应和社会效应日趋显著,对未来生态与环境安全和社会经济发展等将产生广泛和深刻的影响(姚檀栋 等,2013)。本章从西藏自治区冰川、积雪和冻土的监测出发,揭示了冰冻圈气候变化的观测事实,对综合分析冰冻圈主要成员变化的强度、模式和速率及其影响具有重要意义。

3.1 冰川

以青藏高原为中心的冰川群是中国乃至整个高原亚洲冰川的核心。根据第一次中国冰川编目资料统计(蒲健辰 等,2004),青藏高原中国境内有现代冰川 36 793 条,冰川面积为49 873.44 km²,冰储量约为 4 561.3857 km³,分别占中国冰川总条数的79.5%、冰川总面积的84.0%和冰储量的81.6%。这些冰川大多集中分布在高原南缘的喜马拉雅山、西部的喀喇昆仑山和北部的昆仑山西段等山系。由于全球变暖,青藏高原冰川自 20 世纪 90 年代以来呈全面、加速退缩趋势(姚檀栋 等,2004,2007;施雅风 等,2006;陈锋 等,2009;Yao et al,2012)。

3.1.1 普若岗日冰川

普若岗日冰川位于西藏那曲市,是藏北高原最大的由数个冰帽型冰川组合成的大冰原。冰川分布范围介于 33°44′~34°04′N,89°20′~89°50′E 之间,覆盖总面积为 422.58 km²,冰储量为52.5153 km³,冰川雪线海拔 5 620~5 860 m,是世界上最大的中低纬度冰川,也被确认为世界上除南极、北极以外最大的冰川。蒲健辰等(2002)研究发现,小冰期以来普若岗日冰川呈退缩趋势,在普若岗日西侧,小冰期后期至 20 世纪 70 年代,冰川退缩了 20 m;70 年代至 90 年代末,冰川退缩了 40~50 m;平均 1.5~1.9 m/a;1999 年 9 月至 2000 年 10 月,退缩了 45 m。井哲帆等(2003)认为,普若岗日冰原 5Z611A6 号冰舌末端自 1974 年 1 月至 2000 年 10 月处于退缩状态,但是退缩幅度不大,约为 50 m,26 年间平均每年的退缩量约为 1.92 m。拉巴等(2016)采用卫星影像人工数字化方法计算了 2013 年普若岗日冰川面积为 400.68 km²,与中国冰川编目中给出的

20 世纪 80 年代普若岗日冰川面积对比发现,冰川面积减少了 21.29 km²。

本公报根据 1973—2017 年卫星遥感监测资料分析表明(图 3.1),普若岗日冰川面积整体呈明显减少趋势,近 45 年冰川面积减少了 79.93 km²,平均每年减少 1.78 km²。其中,1973—1999 年减少了 57.35 km²,平均每年减少了 2.12 km²;2016 年冰川面积降至 389.0 km²,为近 45 年最低值,较 1973 年减少了 17.9％。2017 年,冰川面积为 394.0 km²,较 1973 年减少了 16.8 ％;较 2016 年增加了 5 km²。冰川变化北部最大,其次为东南,西部最小(图 3.2)。

图 3.1　1973—2017 年普若岗日冰川面积变化

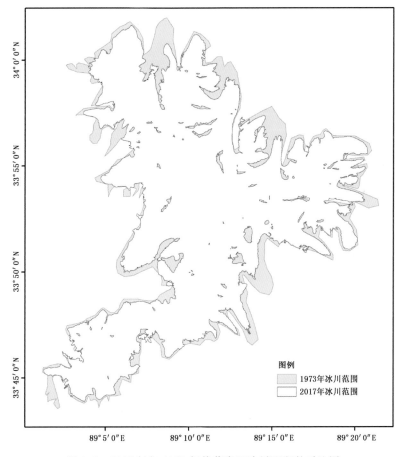

图 3.2　2017 年与 1973 年普若岗日冰川面积的对比图

3.1.2 米堆冰川

中国的海洋型冰川主要分布在横断山、喜马拉雅山东段和南坡以及念青唐古拉山的东段和中段,约占我国现代冰川总条数的18.6%和总面积的22.2%(Su et al,2002)。由于海洋性冰川受印度季风影响强烈,具有高积累、高消融特征,小幅的气候变化会引起冰川大幅度的后退或前进,所以它又是气候变化的敏感指示器(康尔泗,1996;Zhang et al,1998;施雅风 等,2000;Houghton et al,2001;Solomon et al,2007;Wagnon et al,2007;Fujita 2008),自小冰期最盛期以来,我国海洋型冰川的面积已经减少了相当于现代冰川面积的30%(Su et al,2002)。

波密县位于西藏自治区东南部,境内海洋型冰川发育极好,有著名的卡钦、则普、若果、古乡、米堆等冰川。根据中国冰川编目的记录(米德生 等,2002),本区共发育有1 320条冰川,面积为2 655.2 km²,其中有面积最大的来古冰川和冰川末端延伸较低的阿扎冰川。杨威等(2008)研究发现,从20世纪70年代以来,本区冰川经历了严重的物质损耗与退缩。南坡的阿扎冰川冰舌末端由于表面强烈消融而形成长约6 km的表碛覆盖区,冰川末端呈现出加速退缩的态势。北坡的四条冰川物质平衡观测数据显示,2006年5月至2007年5月冰川表面出现较大亏损,冰川退缩速度为15~19 m。

本公报利用LANDSAT系列高分辨率遥感影像资料,分析了西藏波密县米堆冰川面积变化,结果显示,近35年(1984—2018年)米堆冰川面积总体呈减少趋势(图3.3),冰川面积从1984年的29.39 km²减少到2018年的28.75 km²,共减少了0.64 km²,平均年变化率为-1.83%。具体表现为,1984—1999年冰川面积明显减少,年平均变化率为-1.94%;2005—2018年冰川面积减少更明显,平均年变化率为-2.93%。冰川面积空间变化显示(图3.4),冰川末端及尾部边缘区退缩最明显。1984—2018年期间冰碛物面积呈增加趋势(图3.5),冰碛物面积从1984年的0.93 km²增加至2018年的2.32 km²,共增长了1.39 km²,年平均变化率为3.97%。冰碛物增长,说明冰川消融加快。

图3.3　1984—2018年西藏波密县米堆冰川面积变化

图 3.4 西藏波密县米堆冰川面积空间变化

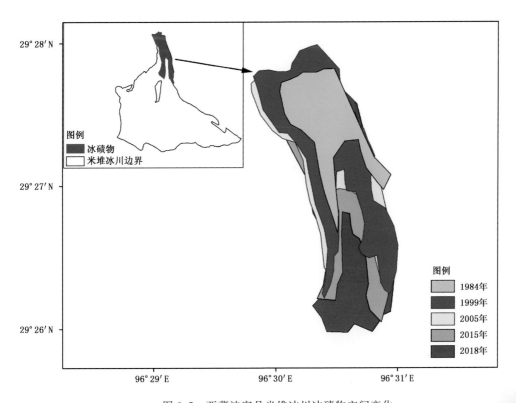

图 3.5 西藏波密县米堆冰川冰碛物空间变化

3.1.3 杰马央宗冰川

杰马央宗冰川(30°14′,82°12′E)位于青藏高原西南部边缘的喜马拉雅山中西段交界处,西藏日喀则市仲巴县境内,是雅鲁藏布江的正源。刘晓尘等(2011)2010年10月现场实测得到冰川长8.2 km,面积20.67 km²,垭口海拔5 750 m,末端海拔5 035 m。分析发现1974—2010年杰马央宗冰川面积减少了5.02%(由21.78 km²减少至20.67km²),冰川末端退缩了768 m(21 m/a),自2000年开始末端退缩速度明显加快;冰湖面积增加了63.7%(由0.70 km²增加至1.14 km²),冰湖体积扩大约9.8×10⁶ m³。

本公报利用LANDSAT系列数据分析了杰马央宗冰川变化情况,结果表明,近42年(1976—2017年)冰川平均面积为21.77 km²,呈明显减少趋势(图3.6、图3.7(a)),冰川面积从1976年的22.97 km²减少到2017年的21.48 km²,共减少了1.49 km²,冰川面积年平均变化速率为−3.54%;2005年之后面积持续减少,其中2016年冰川面积降至最低。从图3.7(b)可见,冰川末端的冰湖明显增大,冰湖面积从1976年的0.71 km²增大至2017年的1.23 km²,42年面积增大了0.52 km²,年平均变化速率为1.24%,2007年之后冰湖面积均大于平均值。冰湖面积增加也佐证了该冰川退缩明显。

图3.6 1976—2017年西藏杰马央宗冰川面积变化

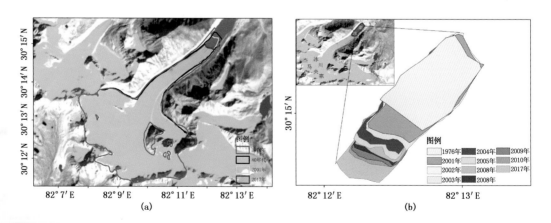

图3.7 1976—2017年西藏杰马央宗冰川(a)及末端冰湖(b)空间变化

3.2　积雪

全球气候变暖大背景下,作为冰冻圈最为活跃和敏感因子,青藏高原积雪变化备受国内外关注。作为"世界第三极",青藏高原地处北半球中纬度地区,平均海拔 4 000 m 以上,是北半球中纬度海拔最高、积雪覆盖最大的地区,成为仅次于南、北两极的全球冰冻圈所在地(Yao et al,2012)。青藏高原、蒙古高原、欧洲阿尔卑斯山脉及北美中西部是北半球积雪分布关键区,其中青藏高原是北半球积雪异常变化最强烈的区域(李栋梁 等,2011)。

姚檀栋等(2013)分析认为,过去 50 年,青藏高原积雪面积总体呈减少趋势,但 20 世纪 80 至 90 年代略有增加。除多等(2017)分析认为,2000—2014 年西藏高原积雪面积呈现微弱减少态势,其中秋、冬两季积雪面积略显上升趋势,春季略有减少,夏季减少趋势显著。王叶堂等(2007)发现,青藏高原积雪面积总体上表现出冬春季减少,夏秋季增加的趋势。年平均积雪深度在 20 世纪 90 年代中期以前呈上升趋势,20 世纪 90 年代中后期开始由持续增长转为下降(韦志刚 等,2002;马丽娟 等,2012);白淑英等(2014)通过对被动微波遥感反演的雪深数据分析发现,1979—2010 年青藏高原雪深呈显著增加趋势,且以冬季增加最为明显。积雪日数在 20 世纪 60 年代至 90 年代中后期是增加的,之后迅速减少(徐丽娇 等,2010);近 30 年(1981—2010 年)出现了非常显著的减少趋势,其中冬季减幅最为明显,其次是春季(除多 等,2015)。

3.2.1　积雪日数

根据 1981—2017 年监测表明,近 37 年西藏平均年积雪日数呈明显减少趋势(图 3.8(a)),平均每 10 年减少 5.23 d($P<0.001$)。其中,藏北地区减少幅度较为明显(图 3.8(b)),

图 3.8　1961—2017 年西藏平均年积雪日数距平变化

(a)全自治区,(b)藏北地区,(c)南部边缘地区为-9.82 d/10a($P<0.001$);南部边缘地区也趋于减少(图3.8(c)),为-8.89 d/10a($P<$ 0.001)。西藏20世纪80年代至90年代中后期积雪日数偏多,之后至2017年处于偏少期。

2017年,西藏平均年积雪日数为15.6 d,比常年值(29.0 d)偏少13.4 d,是1981年以来仅次于2016年,与2005年并列第二少值年份。其中,藏北地区平均年积雪日数为27.8 d,比常年值(51.3 d)偏少23.5 d,是1981年以来并列第五少值年份。南部边缘地区平均年积雪日数为51.0 d,比常年值(77.0 d)偏少26.0 d,为1981年以来的第五少值年份。

从1981—2017年西藏年积雪日数变化趋势空间分布来看(图3.9),所有站年积雪日数都表现为减少趋势,平均每10年减少0.42~15.49 d(28个站$P<0.05$),减幅以索县最大($P<$ 0.001),其次是安多,为-15.46 d/10a($P<0.01$),日喀则最小。其中,那曲市大部、昌都市西北部和聂拉木等地平均每10年减少了10.0 d以上。

图3.9 1981—2017年西藏年积雪日数变化趋势空间分布

3.2.2 最大积雪深度

根据积雪监测表明,近37年(1981—2017年)西藏平均年最大积雪深度呈减小趋势(图3.10(a)),平均每10年减小0.49 cm(未通过显著性检验水平)。其中,南部边缘地区减幅相对较大(图3.10(b)),为-0.82 cm/10a;藏北地区也呈减小趋势(图3.10(c)),为-0.60 cm/10a。

2017年,西藏平均最大年积雪深度为8.2 cm,接近常年值(8.1 cm)。其中,藏北地区平均最大年积雪深度为5.7 cm,较常年值(8.6 cm)偏浅2.9 cm,为1981年以来第四浅值年份。南部边缘地区平均最大年积雪深度为64.3 d,较常年值(35.2 d)偏深29.1 cm,为1981年以来第四深值年份。

图3.11给出了1981—2017年西藏年最大积雪深度变化趋势空间分布情况,结果显示,年最大积雪深度趋于增加的地方分布在阿里地区南部、日喀则市大部、错那、索县、丁青和左贡等地,平均每10年增加0.03~1.68 cm(未通过显著性检验),以帕里最大,其次是普兰(0.87 cm/10a),日喀则和丁青最小。其他各站年最大积雪深度均呈减小趋势,为-0.03~

−4.77 cm/10a,其中聂拉木减幅最大(未通过显著性检验),波密次之(−2.14 cm/10a,$P<$0.05),申扎减幅最小。

图 3.10　1981—2017 年西藏年最大积雪深度距平变化趋势
(a)全自治区,(b)藏北地区,(c)南部边缘地区

图 3.11　1981—2017 年西藏年最大积雪深度变化趋势空间分布

3.3　冻土

作为全球最主要的高海拔冻土区,青藏高原现存多年冻土面积约为 $126×10^4\,km^2$,约占高原总面积的 56%(程国栋 等,2013)。其中,高原型冻土作为主体主要发育在青藏高原腹地,而

高山型冻土主要发育在其周边的山地,如喜马拉雅山、祁连山、横断山、昆仑山等。近几十年气候变暖是冻土退化的基础因素,人为活动在局部加速了冻土退化。高原冻土在 1976—1985 年基本处于相对稳定状态,1986—1995 年逐渐地向区域性退化趋势发展,1996—2008 年已演变为加速退化阶段,推测未来几十年内冻土退化仍会保持或加速(程国栋 等,2013)。

3.3.1 最大冻土深度

根据西藏 16 个气象观测站冻土监测记录表明,1961 年以来西藏季节性最大冻土深度呈持续减小趋势,不同海拔地区减小特征趋同存异。其中,海拔 4 500 m 以上地区减小趋势最为明显,平均每 10 年减小 15.85 cm(图 3.12(a));3 000～4 500 m 中等海拔地区最大冻土深度趋于减小,为−4.65 cm/10a(图 3.12(b));海拔 3 000 m 以下地区呈弱的增大趋势(0.05 cm/10a,图 3.12(c))。

2017 年,4 500 m 以上高海拔地区最大冻土深度为 157 cm,创 1961 年以来最低值,较常年值减小 88 cm;3 000～4 500 m 中等海拔地区最大冻土深度为 33 cm,较常年值减小 16 cm;3 000 m 以下低海拔地区最大冻土深度为 5 cm,较常年值偏浅 5 cm。

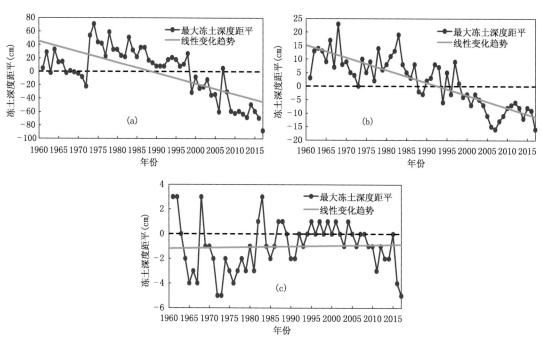

图 3.12 1961—2017 年西藏海拔 4 500 m 以上(a)、海拔 3 000～4 500 m(b)
和海拔 3 000 m 以下(c)地区最大冻土深度距平变化

图 3.13 绘出了西藏最大冻土深度变化趋势空间分布情况,从图中可知,近 57 年(1961—2017 年)最大冻土深度仅在林芝站趋于增大,为 0.83 cm/10a($P<0.001$);其余各站均呈现出变浅的变化趋势,平均每 10 年变浅 0.81～35.70 cm(14 个站 $P<0.001$),其中安多减幅最大($P<0.001$),其次是那曲,为−20.91 cm/10a($P<0.001$),波密减幅最小($P<0.05$)。尤其是安多站近 27 年(1991—2017 年)最大冻土深度变浅更为明显,变浅率高达−56.10 cm/10a($P<0.001$);其次是索县,变浅率为−17.36 cm/10a($P<0.001$)。

图 3.13　1961—2017 年西藏最大冻土深度变化趋势空间分布

3.3.2　土壤冻结开始日期和终止日期

高荣等(2003)认为,20 世纪 80 年代青藏高原土壤冻结偏早,解冻偏晚,冻结日数偏多;而 90 年代正好相反,冻结偏晚,解冻偏早,冻结日数偏少。土壤始冻日期呈偏晚趋势,解冻日期呈偏早趋势,土壤冻结总体呈退化趋势。

(1)土壤冻结开始日期

根据西藏 16 个气象观测站冻土监测记录表明,近 47 年(1971—2017 年)土壤冻结开始期在海拔 4 500 m 以上地区推迟最为明显,平均每 10 年推迟了 2.23 d(图 3.14(a),$P<0.01$);3 000～4 500 m 中等海拔地区每 10 年推迟 0.83 d(图 3.14(b),$P<0.01$);而海拔 3 000 m 以下地区却呈现为提早趋势(图 3.14(c)),平均每 10 年提早 1.16 d($P<0.10$)。近 27 年(1991—2017 年)各海拔高度上土壤冻结开始期都呈偏晚趋势,为 3.30～4.48 d/10a,以 4 500 m 以上地区偏晚明显($P<0.01$)。

2017 年,海拔 4 500 m 以上地区土壤冻结平均开始期为 11 月 1 日,较常年值偏晚 18 d,是 1971 年以来第二偏晚年,仅次于 2003 年;3 000～4 500 m 中等海拔地区土壤冻结平均开始期为 11 月 5 日,较常年值偏晚 10 d,为 1971 年以来最晚年;海拔 3 000 m 以下土壤冻结平均开始期为 12 月 19 日,较常年值偏晚 29 d,为 1971 年以来最晚年。

从西藏土壤冻结开始日期变化趋势空间分布来看(图 3.15),近 47 年(1971—2017 年)索县、当雄和林芝 3 个站土壤冻结开始日期趋于偏早,平均每 10 年偏早 3.30～4.07 d/10a($P<0.05$),以林芝偏早最多($P<0.05$),索县次之,为−3.30 d/10a($P<0.05$);其余各站土壤冻结开始日期均呈现为推迟趋势,平均每 10 年推迟 0.07～5.81 d(7 个站 $P<0.05$),其中聂拉木偏晚最多($P<0.05$),拉萨次之,为 4.42 d/10a($P<0.01$)。

(2)土壤冻结终止日期

分析 1971—2017 年西藏 16 个气象站土壤冻结终止日期(土壤解冻日期)变化趋势,结果表明,各海拔高度上土壤解冻日期均呈提早趋势。其中,海拔 4 500 m 以上地区偏早最为明显

图 3.14　1971—2017 年西藏海拔 4 500 m 以上(a)、海拔 3 000~4 500 m(b)

和海拔 3 000 m 以下(c)地区土壤冻结开始日期距平的变化

图 3.15　1971—2017 年西藏土壤冻结开始日期变化趋势空间分布

(图 3.16(a)),平均每 10 年提早 7.2 d($P<0.001$),3 000~4 500 m 中等海拔地区每 10 年提早 5.7 d(图 3.16(b),$P<0.01$);海拔 3 000 m 以下地区平均每 10 年提早 0.7 d(图 3.16(c)),尤其是近 27 年(1991—2017 年)海拔 3 000 m 以上地区土壤解冻日期明显偏早,平均每 10 年提早了 8.5~9.0 d($P<0.001$)。

2017 年,4 500 m 以上高海拔地区土壤解冻平均日期为 5 月 24 日,较常年值偏早 7 d,为 1971 年以来第十七偏早年;3 000~4 500 m 中等海拔地区土壤解冻平均日期为 3 月 26 日,较

图 3.16　1971—2017 年西藏海拔 4 500 m 以上(a)、海拔 3 000～4 500 m(b)

和海拔 3 000 m 以下(c)地区土壤冻结终止日期距平的变化

常年值偏早 13 d,为 1971 年以来第七偏早年;3 000 m 以下低海拔地区土壤解冻平均日期为
2 月 6 日,较常年值偏早 24 d,为 1971 年以来最早年。

根据西藏土壤冻结终止日期变化趋势空间分布来看(图 3.17),近 47 年(1971—2017 年)
当雄和林芝 2 个站土壤解冻期趋于偏晚,平均每 10 年分别偏晚 0.42 d 和 2.99 d;其余各站土
壤解冻期均呈现为提早趋势,平均每 10 年提早 1.88～10.63 d(12 个站 $P<0.05$),其中安多
偏早最多($P<0.001$),拉萨次之(-10.57 d/10a,$P<0.001$),江孜偏早最少。近 27 年

图 3.17　1971—2017 年西藏土壤冻结终止日期变化趋势空间分布

(1991—2017 年)除错那站土壤解冻期基本无变化(0.05 d/10a)外,其他各站都表现为偏早的年际变化特征,尤其是泽当解冻日期偏早最明显,达到−17.38 d/10a(P<0.001);其次是聂拉木,为−16.13 d/10a(P<0.001)。

3.3.3 土壤冻结期

根据西藏 16 个气象观测站冻土监测记录表明,近 47 年(1971—2017 年),海拔 4 500 m 以上地区土壤冻结期缩短趋势最为明显,平均每 10 年缩短 9.37 d(图 3.18(a),P<0.001);3 000~4 500 m 中等海拔地区土壤冻结期平均每 10 年缩短 6.92 d(图 3.18(b),P<0.001);而海拔 3 000 m 以下地区土壤冻结期呈不明显的延长趋势(0.74 d/10a,图 3.18(c))。但近 27 年(1991—2017 年)各海拔地区土壤冻结期均呈缩短趋势,分别为−12.44 d/10a(P<0.001)、−11.76 d/10a(P<0.001)和−4.08 d/10a。

2017 年,4 500 m 以上高海拔地区平均土壤冻结期为 212 d,较常年值缩短 18 d,是 1971 年以来并列第七偏短年;4 500 m 以上中等海拔地区平均土壤冻结期为 143 d,较常年值缩短 21 d,为 1971 年以来第三偏短年;3 000 m 以下低海拔地区平均土壤冻结期为 59 d,较常年值缩短 44 d,为 1971 年以来最短年。

图 3.18   1971—2017 年西藏海拔 4 500 m 以上(a)、海拔 3 000~4 500 m(b)
和海拔 3 000 m 以下(c)地区土壤冻结期距平变化

从西藏土壤冻结期变化趋势空间分布(图 3.19)来看,近 47 年(1971—2017 年)土壤冻结期只在林芝、索县和当雄 3 个站上呈延长趋势,平均每 10 年延长 1.58~8.18 d/10a(P<0.001),以林芝延长最大、索县最小;其他各站均表现为缩短趋势,平均每 10 年缩短 0.42~15.73 d(12 个站 P<0.05),其中聂拉木缩短最多(P<0.001),其次是拉萨,为−14.62 d/10a(P<0.001),江孜缩短最少。特别是近 27 年(1991—2017 年)聂拉木站土壤冻结期缩短得更为明显,缩短率为−25.09 d/10a(P<0.01)。

图 3.19　1971—2017 年西藏土壤冻结期变化趋势空间分布

第4章 西藏自治区陆面生态的变化

气候变化对陆地生态系统的影响及其反馈是当前全球变化研究的重要内容,青藏高原是全球气候变化的敏感区和启动区(姚檀栋 等,2000),气候变化的微小波动都会对高原陆地生态系统产生强烈响应(Klein et al,2004)。本章从西藏自治区地表温度、湖泊面积、陆地植被,以及区域生态气候的监测出发,揭示了诸多生态建设的结果,为西藏高原生态文明建设提供科技支撑。总体来看,1961—2017 年西藏大部分湖泊面积呈扩张趋势,生态系统趋好是环境变化的主要特征。

4.1　地表面温度

根据监测显示,近 37 年(1981—2017 年)西藏年平均地表温度呈显著上升趋势,升幅为 0.50 ℃/10a(图 4.1)。2017 年,西藏年平均地表温度为 9.8 ℃,较常年值偏高 1.0 ℃,是 1981 年以来第三高值年份,仅次于 2009 年(10.5℃)和 2010 年(10.0 ℃)。

图 4.1　1981—2017 年西藏年平均地表温度距平变化

从 1981—2017 年西藏各站年平均地表温度变化趋势空间分布来看(图 4.2),南木林呈下降趋势,为−0.13 ℃/10a;林芝基本无变化;其他各站均呈一致的升高趋势,平均每 10 年升高 0.07～1.01 ℃(33 个站 $P<0.05$,其中 28 个站 $P<0.001$),以狮泉河最大($P<0.001$),其次是班戈(0.84 ℃/10a,$P<0.001$),波密最小。全区有 42% 的站点升温率大于 0.60 ℃/10a,主要分布在阿里地区、那曲市大部、昌都市西北部、拉萨、当雄、泽当、错那和隆子等地。

图 4.2 1981—2017 年西藏年平均地表温度变化趋势空间分布

4.2 湖泊

青藏高原是地球上海拔最高、数量最多、面积最大的高原湖群区,也是我国湖泊分布密度最大,且与东部平原湖区遥相呼应的两大稠密湖群区之一。从空间分布来看,拥有面积 1 km² 以上湖泊数量最多和最大的是青藏高原湖区,湖泊数量为 1 055 个,面积为 41 831.7 km²,分别占全国湖泊总数量和总面积的 39.2% 和 51.4%(马荣华 等,2011)。青藏高原上有青海湖、纳木错、色林错、扎日南木错、当惹雍错、羊卓雍错、鄂陵湖、扎陵湖、昂拉仁错以及班公错等著名大湖。近半个世纪以来,伴随着全球气候变暖及其影响下的冰川消融、冻土退化,青藏高原地区的湖泊因补给条件差异而分别表现出扩张、萎缩、稳定三种状态,整体上以扩张趋势为主,其中 1991—2010 年是湖泊扩张最显著的时期(董斯扬 等,2014)。

4.2.1 色林错

色林错(31°34′~31°57′N,88°33′~89°21′E),又名奇林湖,地处西藏自治区申扎、班戈和尼玛三县交界处,位于冈底斯山北麓,申扎县以北,曾是西藏第二大咸水湖,湖面海拔 4 530 m。2010 年湖泊面积 2 349.46 km²(闫立娟 等,2016),较《中国湖泊志》(王苏民 等,1998)记载湖泊面积(1 628.0 km²)扩张了 721.46 km²,扩张率为 44.3%。

本公报根据卫星遥感监测资料分析发现,近 43 年(1975—2017 年)色林错湖面面积呈显著的扩张趋势(图 4.3),湖面面积平均上涨率为 38.48 km²/a。其中,2000 年以后湖泊面积持续扩张,2000 年湖泊面积与 1975 年相比,扩大了 267.28 km²,扩张率为 16.48%;2003 年面积达到 2 058.09 km²,超过纳木错面积,成为西藏第一大咸水湖;2014 年湖泊面积高达 2 393.33 km²,为近 43 年最大值。

2017 年,色林错湖面面积为 2 382.39 km²,较 1975 年(1 621.77 km²)扩张了 46.9%;与 2016 年比较,湖面面积略有减少,减少了 1.58 km²。

图 4.3　1975—2017 年西藏色林错湖面面积的变化

从空间变化来看(图 4.4),色林错变化较明显的区域位于该湖的北部、西南角和东南部。2005 年与 1976 年比较,湖的北部、西南部和东南部湖岸线分别向北、西南部、向东南部扩展明显,特别是湖的北部扩张非常明显,扩张了 607.57 km²。同样,2017 年与 1976 年比较,同样也是从湖的北部、西南角和东南部湖岸线分别向北、向西南和向东南扩张,扩张程度比前者更明显。此外,2000 年影像资料显示,色林错的西北角还是半岛,2010 年这个地方已与湖相连。2004 年影像资料显示,色林错和雅根错开始相连,2005 年色林错和雅根错已连成一片。

图 4.4　1976—2017 年西藏色林错湖面面积对比

4.2.2　纳木错

纳木错(90°16′~91°03′E,30°30′~30°55′N),位于藏北东南部,念青唐古拉山北麓,西藏自治区当雄县和班戈县境内。它曾是西藏第一大咸水湖,是我国的第二大咸水湖,也是世界海拔最高的咸水湖,湖面海拔4 718 m。2009年湖泊面积为2 028.78 km²(闫立娟 等,2016),较《中国湖泊志》(王苏民 等,1998)记载湖泊面积(1 961.5 km²)扩张了67.28 km²,扩张率为3.43%。

本公报根据卫星遥感监测显示,1975—2017年纳木错湖面呈明显的扩张趋势(图4.5),平均每年扩张2.90 km²。其中,2000—2017年面积扩张率为1.45 km²/a,2010年达到2 038.52 km²,为近43年最大值;2010年较2001年增长了42.17 km²,增幅为2.11%;2011—2017年扩张有所减缓。2017年湖面面积为2 009.31 km²,较2016年缩减了1.01 %,较1975年(1 947.0 km²)扩张了3.20 %。

图4.5　1975—2017年西藏纳木错湖面面积的变化

从空间变化来看(图4.6),纳木错变化较明显的区域主要位于该湖的西部、东部。2005年与1975年相比,湖的东、西部湖岸线分别向东、向西部扩展。2017年与1975年比较,沿念青唐古拉山的湖岸线向东南扩展的较为明显。

4.2.3　扎日南木错

扎日南木错(30°44′~31°05′N,85°20′~85°54′E),是西藏第三大湖,位于阿里地区措勤县东北部,湖面海拔4 613 m。2009年湖泊面积为1 006.83 km²(闫立娟 等,2016),较《中国湖泊志》(王苏民 等,1998)记载湖面面积(996.9 km²)扩张了9.93 km²,扩张率为1.00 %。德吉央宗等(2014)分析发现,1975—2011年扎日南木错湖面面积总体呈增加趋势,平均每年增加1.75 km²。

本公报根据卫星遥感监测显示,近43年(1975—2017年)扎日南木错面积经历了先萎缩、后扩张的变化,但总体呈扩张趋势(图4.7),近43年湖面面积平均上涨率为1.63 km²/a,其中2000—2017年湖泊面积扩张了42.37 km²,平均每年扩张了2.34 km²。

2017年扎日南木错湖面面积达到1 007.43 km²,为近43年最大值;较1975年(999.61 km²)扩张了7.82 km²,扩张率为0.78%;较2016年扩张了10.31 km²,扩张率为1.03%。

图 4.6　1976—2017 年西藏纳木错湖面面积对比

图 4.7　1975—2017 年西藏扎日南木错湖面面积变化

　　为了反映湖泊面积的变化情况,本公报利用 1976 年、1999 年、2004 年、2008 年和 2017 年的扎日南木错湖泊面积变化(图 4.8),对比分析发现,扎日南木错湖面变化较明显的区域位于该湖的西部和东部,以西部更明显。2017 年与 1999 年比较,湖的西北部和东北部湖岸线分别向北西、向东扩张明显,特别是湖的西北角措勤藏布河口附近扩张的非常明显,分别向北西、向东部扩张了 63.31 km²。

图 4.8　1976—2017 年西藏扎日南木错湖面面积对比

4.2.4　当惹雍错

当惹雍错(30°45′~31°22′N,86°23′~86°49′E),又名唐古拉攸木错,位于冈底斯山北坡拗陷盆地北部的东段,属西藏自治区尼玛县,湖面海拔 4 528 m。第四纪时期,历史时期当惹雍错北面与当穹错,南边与许如错相连,长可达 190 km。由于气候变干,湖水退缩,当穹错、许如错与当惹雍错分离,遂成独立湖泊。2009 年当惹雍错湖泊面积为 841.83 km²(闫立娟 等,2016),较《中国湖泊志》(王苏民 等,1998)记载湖泊面积(835.30 km²)扩张了 6.53 km²,扩张率为 0.78 %。拉巴卓玛等(2017)分析得到了 1977—2014 年当惹雍错平均湖面面积为 835.75 km²,最大湖面面积为 856.01 km²,出现在 2014 年;最小湖面面积为 822.91 km²,出现在 1990 年。

本公报通过分析 Landsat/MSS、TM 和 ETM+数据发现,近 41 年(1977—2017 年)当惹雍错湖泊面积整体呈上升趋势(图 4.9),平均每年增加 1.55 km²。其中,湖泊在 20 世纪 80 年代末至 90 年代初出现了一次萎缩状态,到 1999 年湖面面积恢复至 829.92 km²,接近 1977 年的湖面面积。2000 年以后湖泊面积基本处于增长趋势,2000—2017 年湖面面积扩大了 29.18 km²,平均每年增加 1.78 km²。

2017 年,当惹雍错湖面面积达到 860.29 km²,为近 41 年最大值,较 1977 年扩大了 31.14 km²,扩张率为 3.76%;较 2016 年扩大了 1.99 km²,扩张率为 0.23%。

图 4.9　1977—2017 年西藏当惹雍错湖面面积变化

　　从当惹雍错湖面面积的空间变化来看(图 4.10),2017 年与 1977 年比较,变化较明显的区域位于该湖的西南角和南部,西南角和南部湖岸线分别向外扩大了。其中,2014 年西南面的小湖面积明显扩大,并与当惹雍错相连起来。2017 年湖面面积继续扩张,较 2014 年扩张了 4.28 km²。

图 4.10　1977—2017 年西藏当惹雍错湖面面积对比

4.2.5　玛旁雍错

玛旁雍错(30°34′~30°47′N,81°22′~81°27′E),位于西藏阿里地区普兰县境内,西与拉昂错相邻,岗仁波齐峰之南。湖面海拔 4 586 m。2010 年湖泊面积为 415.92 km²(闫立娟 等,2016),较《中国湖泊志》(王苏民 等,1998)记载湖泊面积(412.0 km²)扩张了 3.92 km²,扩张率为 0.95%。

本公报利用资源卫星遥感资料分析发现,近 41 年(1977—2017 年)玛旁雍错湖面面积线性变化趋势不是很明显,但总体上呈减少趋势(图 4.11),41 年间湖泊面积缩小了 6.00 km²,减幅为 1.43%。其中,1977—1994 年湖泊面积减少了 2.99 km²;1977—2005 年湖泊面积减少了 8.03 km²;2016 年湖面面积达到最高,为 425.37 km²。2017 年,玛旁雍错湖面面积为412.55 km²,较 1977 年(418.55 km²)萎缩了 1.43%;较 2016 年萎缩了 12.82 km²,萎缩率为 3.01%。

图 4.11　1977—2017 年西藏玛旁雍错湖面面积变化

从空间变化来看(图 4.12),分析发现玛旁雍错变化较明显的区域位于该湖的北部和东北部。2000 年与 1977 年比较,湖的北部和东部湖岸线萎缩 2.4 km²。2017 年与 2000 年比较,湖泊面积萎缩了 0.87%。

4.2.6　拉昂错

拉昂错(30°40′~30°51′N,81°06′~81°19′E),又名蓝嘎错。位于西藏自治区普兰县境内,第四纪时期与东部的玛旁雍错同属一个大湖体,后因气候逐渐干旱,古湖泊萎缩,分离肢解成现状。滨湖东、西、南部环山,北部为湖泊、河积平原,地势开阔,沿湖有古湖岸砂堤分布,高出湖面 25.0 m。近似汤勺形,湖面海拔 4 572.0 m,长 29.0 km,最大宽 17.0 km,平均宽 9.26km,湖泊面积为 268.50 km²(王苏民 等,1998)。2010 年拉昂错湖泊面积为 262.59 km²(闫立娟 等,2016),较《中国湖泊志》记载湖泊面积萎缩了 5.91 km²,萎缩率为 2.20%。

本公报通过对陆地资源卫星遥感资料分析发现(图 4.13),近 41 年(1977—2017 年)拉昂错湖面面积变化总体呈减少趋势,湖泊面积减少了 19.10 km²,平均每年减少 0.47 km²。具体表现为:1977—1994 年湖泊面积萎缩了 7.42 km²,1977—2005 年湖泊面积萎缩了 13.58 km²。2000 年以后湖泊面积持续减少,2000—2017 年湖泊面积减少了 11.79 km²,减幅为 4.42%;2015 年湖泊面积降至最低,为 254.19 km²。

2017年,拉昂错湖面面积为255.11 km²,与1977年比较,萎缩了19.10 km²,萎缩率为6.97%。与2016年比较,萎缩了7.58 km²,萎缩率为2.89%。

图4.12 1994—2017年西藏玛旁雍错湖面面积对比

图4.13 1977—2017年西藏拉昂错湖面面积变化

从空间变化分析来看(图4.14),拉昂错变化较明显的区域主要位于该湖的北部。2005年与1977年对比,湖面北部湖岸线向南萎缩明显,特别是湖的西北部萎缩非常明显,萎缩了13.58 km²。同样,2010年与1977年比较,也是湖的北部湖岸线向南萎缩,萎缩程度比前者更明显,为16.74 km²。2017年湖面面积较1977年萎缩了6.97%,仍以北部湖岸线萎缩明显。

图4.14 1994—2017年西藏拉昂错湖面面积对比

4.2.7 佩枯错

佩枯错,又名拉错新错,位于西藏自治区吉隆县和聂拉木县的交界处,在85°30′～85°42′E,28°46′～29°02′N 之间。它是藏南又一较大的内陆湖泊,也是日喀则市最大的湖泊,湖面海拔4 580 m。2009年湖泊面积为271.01 km²(闫立娟 等,2016),较《中国湖泊志》(王苏民 等,1998)记载湖泊面积(284.4 km²)萎缩了13.39 km²,萎缩率为4.71%。

本公报通过陆地资源卫星遥感影像数据分析发现,近43年(1975—2017年)佩枯错湖面面积总体呈减少趋势(图4.15),平均每年减少0.47 km²。其中,1975—1999年、1991—1999年湖泊面积都在减少,分别减少了6.53 km²和0.83 km²。2000年以后湖泊面积有增有减,2000—2017年湖泊面积减少了6.73 km²,其中2009年降至最低,仅为267.76 km²,较1975年减少了14.02 km²,减幅为4.98%。2017年,佩枯错湖面面积为269.58 km²,较1975年减少了12.20 km²,减幅为4.33%;较2016年减少了2.01 km²,减幅为0.74%。

图 4.15　1975—2017 年西藏佩枯错湖面面积变化

　　从空间变化分析来看(图 4.16)，2017 年与 1976 年比较，佩枯错湖面变化较明显的区域位于该湖的南岸和东北岸，南岸、东北岸湖岸线分别向北、向西南方向萎缩。

图 4.16　1975—2017 年西藏佩枯错湖面面积对比

4.3　植被

气候变暖导致北半球大部分地区植被发生显著变化,中高纬度植被活动显著增强,高纬度、高寒地区植被返青期提前,生长季长度延长的现象尤为明显(Zhou et al,2001;De et al,2011;Lei et al,2014)。20世纪90年代植被增长趋势较80年代显著,从21世纪初开始,北半球部分地区NDVI增长速率有所减缓(Piao et al,2011)。Peng等(2012)认为,1982—2003年青藏高原除森林退化严重(50%)外,其他植被类型NDVI呈增长趋势,植被生长状况以变好为主。于伯华等(2009)分析得出,1981—2006年NDVI下降显著的区域主要分布在高原南部,其次为三江源中南部,而藏北高原、西部柴达木盆地NDVI较为稳定。

从西藏全区最大合成NDVI变化趋势(图4.17)来看,近18年(2000—2017年)全区NDVI值总体上呈不显著增加趋势,增长率为4.16%,说明西藏植被退化趋势有所缓解。NDVI平均值为0.350,2017年达到最大,为0.361,较平均值偏高0.011;最小值出现在2015年,为0.335,较平均值偏低0.015。2010年以后,除受干旱影响的2015年外,其余年份植被NDVI均为正距平,说明植被长势较好。这也表明在自然因素和国家政策的作用下,全区植被长势逐步趋于好转。

图4.17　2000—2017年西藏最大合成NDVI变化

根据分析西藏自治区植被变化结果来看(图4.18),近18年(2000—2017年)全区植被覆盖大部分区域呈现稳定状态,占自治区总面积的51.3%;呈退化趋势的区域面积为225 514.9 km²,占自治区总面积的19.78%;呈改善趋势的区域面积为223 453.46 km²,占自治区总面积的19.6%,退化趋势的植被面积略多于改善区域。阿里地区、日喀则市改善区域面积大于退化区域面积,表明这两个地(市)植被覆盖总体处于恢复状态,其余5个地(市)改善趋势面积均小于退化趋势的区域面积,其中拉萨市退化面积较改善面积大20.77%,说明植被退化占主导地位,而林芝、昌都和山南3个市植被退化比重虽大于改善比重,但二者的差距不大,均值在4%左右,这表明植被退化速度趋于变缓,退化程度得到缓解。

植被覆盖总体在改善的两个地(市)中,日喀则市呈改善趋势的面积占地区总面积的27.22%,明显高于阿里地区的16.76%,但其呈退化面积百分比(26.12%)也明显高于阿里地区(6.73%),说明日喀则市较大范围植被覆盖出现变化,而阿里地区发生变化的区域较小,其处于稳定状态的区域占全地区总面积的75.37%。

图 4.18 2000—2017年西藏植被变化

　　植被退化区域中拉萨市退化最为明显,呈显著退化趋势面积占全市总面积的 15.83%;呈轻微退化趋势的区域面积占全市总面积的 28.86%,显著退化和轻微退化的面积百分比在 7 地(市)中均为最大。其次为昌都市,昌都市呈显著退化趋势的区域面积为 8 714.55 km²,占全市总面积的 8.6%;呈轻微退化趋势的区域面积为 24 056.66 km²,占全区总面积的 23.74%。

　　西藏自治区近 18 年内植被显著退化区域主要集中在高原中部和东南部地区,主要包括拉萨市大部,那曲市中东部,山南市羊卓雍错湖以东地区,昌都市西南部;林芝市、阿里地区植被处于显著退化趋势的区域较小;植被轻微退化区域分布主要出现在以显著退化区为中心的周边范围;植被稳定区域分布较为广泛,全区 7 个地(市)均有较大面积植被处于稳定状态;植被轻微改善区域较大面积出现在藏北无人区、阿里地区、昌都市、日喀则市;相比而言,显著改善区域的面积相对较小,所占比重较大的为昌都市、拉萨市和林芝市。

　　从卫星遥感反演资料分析来看(图 4.19),2017 年西藏草地(含干草)总生物量最高值为

图 4.19 2017年西藏草地地上总生物量空间分布

2 852.5 kg/hm²,最低值为 194.3 kg/hm²,平均值为 942.2 kg/hm²;鲜草生物量最高值为
3 001.7 kg/hm²,最低值为 109.4 kg/hm²,平均生物量为 806.7 kg/hm²,生物量明显高于
2015 年和 2016 年。

4.4 区域生态气候

气候生产潜力是指充分和合理利用当地的光、热、水气候资源,而其他条件(如土壤、养分、二氧化碳等)处于最适状况时单位面积土地上可能获得的最高生物学产量,可根据生物量与气候因子的统计相关关系建立的数学模型计算得到,如 Thornthwaite Memorial、AEZ、Miami、筑后模型等模型。Miami 模型是 Lieth 根据世界各地植物产量与年平均温度、年降水量之间的关系得到的,能够反映自然状态下水热单因子对潜在生产力的影响,Thornthwaite Memorial 模型是 Lieth 和美国学者 Box 在迈阿密模型的基础上考虑了与植物产量密切相关的蒸散量而提出的。由于这两个模型相对简单,需要的参数少,而被比较广泛地应用于大范围的气候生产潜力变化格局研究中。赵雪雁等(2016)利用此模型计算分析得出 1965—2013 年青藏高原牧草气候生产潜力总体呈增加趋势,在空间上表现为由西北向东南依次增加的态势,青海省北部及南部部分地区气候生产潜力上升幅度较大,而西藏东部上升幅度较小,且南、北部地区差异较大。杜军等(2008)认为,近 45 年(1971—2015 年)西藏阿里地区西南部、聂拉木、江孜植被气候生产潜力为减少趋势,以普兰减幅最大;其他各地呈不同程度的增加趋势,增幅为 26.8~459.8 (kg/hm²)/10a。

本公报采用 Thornthwaite Memorial 模型,计算了西藏年植被气候生产潜力,结果表明,近 57 年(1961—2017 年)西藏植被气候生产潜力呈显著增加趋势(图 4.20),平均每 10 年增加 122.91 kg/hm²($P<0.001$);尤其是近 37 年(1981—2017 年)气候生产潜力增加得更明显,增幅达 220.57 (kg/hm²)/10a($P<0.01$)。

2017 年,西藏年植被气候生产潜力为 7 478.6 kg/hm²,较常年值偏高 680.4 kg/hm²,为 1961 年以来第四高值年份。

图 4.20　1961—2017 年西藏植被气候生产潜力距平变化

1961—2017 年藏东南森林、藏北草地气候生产潜力均呈明显的增加趋势(图 4.21),平均每 10 年分别增加 153.65 kg/hm²($P<0.001$)和 176.98 kg/hm²($P<0.001$)。2017 年,藏东南森林、藏北草原气候生产潜力较常年值分别偏高 552.7 kg/hm² 和 781.1 kg/hm²。藏北草地气候生产

潜力达 6 941.4 kg/hm²,是 1961 年以来第二高值年份,仅次于 2016 年(6 941.5 kg/hm²)。

图 4.21　1961—2017 年藏东南森林区(a)和藏北草地区(b)气候生产潜力距平变化

根据 1961—2017 年西藏植被气候生产潜力变化趋势空间分布来看(图 4.22),各站均呈增加趋势,增幅为 6.7～241.2 (kg/hm²)/10a(12 个站 $P < 0.05$),其中那曲增幅最大($P < 0.001$),班戈次之(239.5 (kg/hm²)/10a,$P < 0.001$),江孜增幅最小。近 27 年(1991—2017年),日喀则、江孜、泽当和隆子植被气候生产潜力趋于减少,为 −6.4～−187.3 (kg/hm²)/10a,减幅以泽当最大、江孜最小。其他各站植被气候生产潜力均呈增加趋势,增幅为 102.4～396.6 (kg/hm²)/10a,以索县最大($P < 0.001$)、林芝最小;那曲市、狮泉河、拉萨和浪卡子增幅在 240.0 (kg/hm²)/10a 以上。

图 4.22　1961—2017 年西藏植被气候生产潜力变化趋势空间分布

参 考 文 献

白淑英,史建桥,高吉喜,等,2014.1979—2010 年青藏高原积雪深度时空变化遥感分析[J].地球信息科学学报,**16**(4):628-636.

陈锋,康世昌,张拥军,等,2009.纳木错流域冰川和湖泊变化对气候变化的响应[J].山地学报,**27**(6):641-647.

程国栋,金会军,2013.青藏高原多年冻土区地下水及其变化[J].水文地质工程地质,**40**(1):1-11.

除多,杨勇,罗布坚参,等,2015.1981—2010 年青藏高原积雪日数时空变化特征分析[J].冰川冻土,**37**(6):1461-1472.

除多,2017.2000—2014 年西藏高原积雪覆盖时空变化[J].高原山地气象研究,**36**(1):27-36.

德吉央宗,拉巴,拉巴卓玛,等,2014.基于多源卫星数据扎日南木错湖面变化和气象成因分析[J].湖泊科学,**26**(6):963-970.

杜军,胡军,张勇,等,2008.西藏植被净初级生产力对气候变化的响应[J].南京气象学院学报,**31**(5):738-743.

董斯扬,薛娴,尤全刚,等,2014.近 40 年青藏高原湖泊面积变化遥感分析[J].湖泊科学,**26**(4):535-544.

高荣,韦志刚,董文杰,2003.青藏高原土壤冻结始日和终日的年际变化[J].冰川冻土,**25**(1):49-54.

康尔泗,1996.高亚洲冰冻圈能量平衡特征和物质平衡变化计算研究[J].冰川冻土,**18**(增刊):12-22.

拉巴,格桑卓玛,拉巴卓玛,等,2016.1992—2014 年普若岗日冰川和流域湖泊面积变化及原因分析[J].干旱区地理,**39**(4):770-776.

拉巴卓玛,德吉央宗,拉巴,等,2017.近 40a 西藏那曲当惹雍错湖泊面积变化遥感分析[J].湖泊科学,**29**(2):480-489.

李栋梁,王春学,2011.积雪分布及其对中国气候影响的研究进展[J].大气科学学报,**34**(5):627-636.

刘晓尘,效存德,2011.1974—2010 年雅鲁藏布江源头杰玛央宗冰川及冰湖变化初步研究[J].冰川冻土,**33**(3):488-496.

井哲帆,姚檀栋,王宁练,2003.普若岗日冰原表面运动特征观测研究进展[J].冰川冻土,**25**(3):288-290.

马丽娟,秦大河,2012.1957—2009 年中国台站观测的关键积雪参数时空变化特征[J].冰川冻土,**34**(1):1-11.

马荣华,杨桂山,段洪涛,等,2011.中国湖泊的数量、面积与空间分布[J].中国科学:地球科学,**41**(3):394-401.

米德生,谢自楚,冯清华,等,2002.中国冰川编目Ⅺ-恒河水系[M].西安:西安地图出版社.

蒲健辰,姚檀栋,王宁练,等,2002.普若岗日冰原及其小冰期以来的冰川变化[J].冰川冻土,**24**(1):88-92.

蒲健辰,姚檀栋,王宁练,等,2004.近百年来青藏高原冰川的进退变化[J].冰川冻土,**26**(5):517-522.

施雅风,刘时银,2000.中国冰川对 21 世纪全球变暖响应的预估[J].科学通报,**45**:434-438.

施雅风,刘时银,上官冬辉,等,2006.近 30a 青藏高原气候与冰川变化中的两种特殊现象[J].气候变化研究进展,**2**(4):154-160.

王苏民,窦鸿身,1998.中国湖泊志[M].北京:科学出版社.

王叶堂,何勇,侯书贵,2007.2000—2005 年青藏高原积雪时空变化分析[J].冰川冻土,**29**(6):855-861.

韦志刚,黄荣辉,陈文,等,2002.青藏高原地面站积雪的空间分布和年代际变化特征[J].大气科学,**26**(4):496-507.

徐丽娇,李栋梁,胡泽勇,2010.青藏高原积雪日数与高原季风的关系[J].高原气象,**29**(5):1093-1101.

闫立娟,郑绵平,魏乐军,2016.近 40 年来青藏高原湖泊变迁及其对气候变化的响应[J].地学前缘,**23**(4):311-323.

姚檀栋,刘晓东,王宁练,2000.青藏高原地区的气候变化幅度问题[J].科学通报,**45**(1):98-106.

姚檀栋,秦大河,沈永平,等,2013.青藏高原冰冻圈变化及其对区域水循环和生态条件的影响[J].自然杂志,**35**(3):179-185.

姚檀栋,刘时银,蒲健辰,2004.高亚洲冰川的近期退缩及其对西北水资源的影响[J].中国科学,**34**(6):535-543.

姚檀栋,蒲健辰,田立德,等.2007.喜马拉雅山脉西段纳木那尼冰川正在强烈萎缩[J].冰川冻土,**29**(4):503-508.

杨威,姚檀栋,徐柏青,等,2008.青藏高原东南部岗日嘎布地区冰川严重损耗与退缩[J].科学通报,**53**(17):2091-2095.

于伯华,吕昌河,吕婷婷,等,2009.青藏高原植被覆盖变化的地域分异特征[J].地理科学进展,**28**(6):391-397.

赵雪雁,万文玉,王伟军,2016.近 50 年气候变化对青藏高原牧草生产潜力及物候期的影响[J].中国生态农业学报,**26**(4):532-543.

De Jong R,De Bruin S,De Wit A,et al,2011. Analysis of monotonic greening and browning trends from global NDVI time－series[J]. Remote Sensing of Environment,**115**(2):692-702.

Fujita K,2008. Effect of precipitation seasonality on climatic sensitivity of glacier mass balance[J]. Earth Planet Sci Lett,**276**:14-19.

Houghton J T,Ding Y J,Griggs D J,et al,2001. Climate change 2001:The scientific basis. In:Contribution of Working Group I to the Third Assessment Report of the Intergovernmental Panel on Climate Change [M]. Cambridge:Cambridge University Press.

Klein J A,Harte J,Zhao X Q,2004. Experimental warming causes large and rapid species loss,dampened by simulated grazing,on the Tibetan Plateau[J]. Ecology Letters,**7**(12):1170-1179.

Lei H,Yang D,Huang M,2014. Impacts of climate change and vegetation dynamics on runoff in the mountainous region of the Haihe River basin in the past five decades[J]. Journal of Hydrology,**511**:786-799.

Peterson T C,Folland C,Gruza G,et al,2001. Report on the activities of the working group on climate change detection and related rapporteurs (1998—2001)[R]. http://eprints. soton. ac. uk/30144/1/048 _ wgccd. pdf.

Peng J,Liu Z H,Liu Y H,et al,2012. Trend analysis of vegetation dynamics in Qinghai－Tibet Plateau using Hurst Exponent[J]. Ecological Indicators,**14**:28-39.

Piao S,Wang X,Ciais P,2011. Changes in satellite－derived vegetation growth trend in temperate and boreal Eurasia from 1982 to 2006[J]. Global Change Biology,**17**(10):228-3 239.

Solomon S,Qin D H,Manning M,et al,2007. Climate change 2007:The physical science basis. In:Contribution of Working Group I to the Fourth Assessment Report of the Intergovernmental Panel on Climate Change[M]. Cambridge:Cambridge University Press.

Su Z,Shi Y F,2002. Response of monsoonal temperate glaciers to global warming since the Little Ice Age[J]. Quat Int,**97-98**:123-131.

Wagnon P,Linda A,Arnaud Y,et al,2007. Four years of mass balance on Chhota Shigri Glacier,Himachal Pradesh,India,a new benchmark glacier in the western Himalaya[J]. J Glaciol,**53**:603-611.

Yao T,Thompson L,Yang W,et al,2012. Different glacier status with atmospheric circulations in Tibetan Plateau and surroundings[J]. Nature Climate Change,**2**:663-667.

Zhang Y S,Fujita K,Ageta Y,et al,1998. The response of glacier ELA to climate fluctuations in High Asian

[J]. Bull Glacier Res,**16**:1-11.

Zhou L M,Tucker C J,Kaufmann R K, et al,2001. Variations in northern vegetation activity inferred from satellite data of vegetation index during 1981 to 1999[J]. Journal of Geophysical Research Atmoshperes,**106**(D17):20069-20083.